時代を変える

究極の沖縄農業と新しい観光

宮城弘岩
Hiroiwa Miyagi

琉球新報社

オランダの軒高10mのトマト栽培工場。日本の約4倍、沖縄の約10倍の生産性を誇る

台湾の種苗工場が一大産業になっている（本文P 54～56）

高度な技術開発によって実現したオランダの太陽光植物工場

県内でも生産が緒についた植物工場の外観

イスラエルの点滴灌漑技術。市民の足元は全てこのような点滴用水が流れていて、市井の緑をつくっている。日本に輸出される果樹類の畑も同様で、地中25㎝で点滴灌水していて農業を確立している（本文P75）

時代を変える

究極の沖縄農業と新しい観光

はじめに

農業は世界レベルで競争するようになった。その農業と観光が融合していくことが21世紀沖縄経済の行く道であろうと思う。特に島嶼県の沖縄経済自立化の基本となる農水産業は、先進国の中でも独自の亜熱帯農業論を模索すべきである。そのモデルとなる島嶼経済は日本にはない。基本は農水産業プラス注目される観光との融合化で成り立つものであり、かつ先進国並みの経済構造の中で考えていかねばならないからである。

先進的島嶼経済は歴史的にも島の持つ「農水産業＋中継加工貿易＋観光・サービスの経済」が発展してきたもので、付加価値の見込める総合経済の姿だからだ。そのモデルが30年前までのハワイ、現在のインドネシア・バリ島、シンガポール、香港が身近なモデルとなる島嶼であろう。いずれも市民・住民の一人あたりの所得が沖縄の2倍以上で、さらに拡大しつつあることから読み取れる。立ち入ってみると残念ながら日本の農業には文化として農はあるが、ビジネスとしての業はない。それは食や文化の高度の経済化が実現しているように。

具体的には、（1）本来の農業に徹し国際強化して自由化に向かう輸出の拡大とその農業ビジネスの徹底で、（2）農業困難な地域に対しては欧州のデカップリング制によってサービス化経済に向かうか観光農業との融合が図られる体制である。しかも政府は農水産業・食品輸出が1・4兆円と拡大しており2025年に急増する後期高齢者向け、都市づくり農業としてのテレワーク作業、体験農園などが出現してくる中でどう構築していくか？　沖縄農業を考察する。

目次

第2章　途上国型から先進国型農業への転換　61

第4章　沖縄に新たな農業の誕生を　143

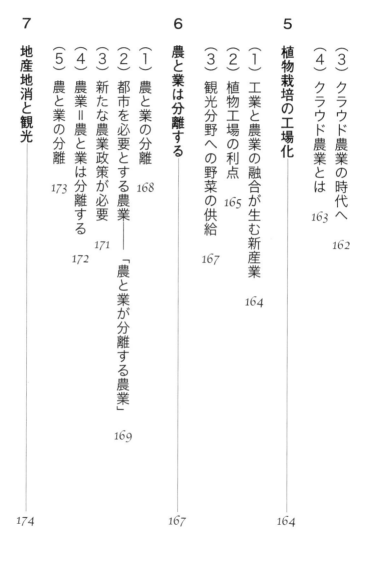

第6章　都市化が沖縄経済をリードする　219

第1章

日本の中の沖縄農業展望

1　日本農業は崩壊へ向かうか

農業の輸出後進国日本の農業は崩壊に向かうのか、何が問題になっているのか。沖縄を意識した問題として高齢化、就農者不足、所得格差、放棄農用地の増大、農家の減少などは本土と同じ条件で語られるが、しかし本土と沖縄に土壌条件が異なる。と同時にＴＰＰ11（18年12月）、ＥＵ・ＥＰＡ（19年2月）、米国との貿易協定（20年1月）が実行され、更に日英貿易協定も21年スタートした。対する日本の農業の異常な価格体制をよそに昨今の自由化による輸入の急増が見込まれ農家所得の増大を意図した地産・地消や6次産業化にも大きな影響を与えている。

最大の要因は1970年代～80年代に起こった日米貿易問題や関税問題に日本がどう対応してきたかである。その時は物のガット＋資本・サービスの自由化＝ガット・ウルグアイ問題の時代であった。ガットとは「関税及び貿易に関する一般協定」の時代で「ものの」の自由化問題が主であった。先進国は中国・インドなど中進国に対し工業製品、自動車・機械・テレビ・繊維製品の自由化を要求し、逆にインド・中国などの中進国は農産物の自由化を要求してきた。日本は徹底的に自国農業を守る姿勢に徹し牛肉・オレンジ問題は紛糾し、ガット条項では解決できなくなって各地で反対運動が起った。

結局日本はガットウルグアイラウンド協定を守らなかった。日本がとった自由化対策は70年代から進めている日米貿易摩擦回避ための量産化技術の開発を禁止（減産対策として）そして貿易摩擦の対象になりにくいブランド（コメのコシヒカリやあきたこまち等）の高級化で匠《たくみ》の生産、職人化による究極の農産品づくりを繰り返えしてきた。

（1）今日の農産物の高価格問題

それが明確に出て来たのは2016年クアラルンプールに日系デパートで売られていたブドウ1箱2万円、桃一箱1万円、イチゴ2千円、豆苗1パック600円という小売価格に見られる超高級価格産品だ。豆苗など県内のスーパーが108円で売っているがどうして600円になるか全く理解できない。

平均して世界の8倍~10倍の価格という農業が産業とは言えないほどの価格をつくっているのである。行き過ぎた農産品価格はそう長く続かなかった。日本が言う高級化のダイヤモンド並みの農産品技術は台湾・中国に2~3年もすればすぐにまねられ店に並ぶ。世界との価格差は驚嘆だ。競争しなければならない日本の生産技術はここ70年代の50年間変ってない。量産化による輸出競争力のある低価格の農産品がつくれない構造なっているのである。理由は政府調整の範囲を超えてつくり過ぎが抑えられず別途「余るようだと輸出する」という考がなかった。

最大の問題は長年の政府によるマーケットへの介入が大きく影響し補助金による生産力が衰退、と同時に匠・職人による農業の定着、及び過度の高級品・ブランド指向に相まって競争すべく価格の生産量の技術開発がこの50年全くストップしてしまったままであるということである。

日本産が如何に高級と言っても世界に通用する適正価格帯と言うのがある。当時、18年の前までは香港、台湾、シンガポール、マカオの富裕層向け市場が注目された。現地（香港、台湾、シンガポール、マカオの）向けでは中流以上の富裕層向けに売れるとして政府が後押ししてきた。

（2）日本農産物の価格が10倍になった理由

戦前の食料管理法を利用して、本来の目的を180度転換してコメを国民に公平に配分するのではなく都市市民の所得を農家に移転するシステムとして用いた。米価は市場原理ではなく政治システムが決定するようになった。生産者米価が決定される時期になると毎年農家はムシロ旗を立てて永田町や霞が関をデモ行進してきたのである。気が付くと日本のコメは海外よりも著しく高くなっていた。当時は輸入規制中である。さらに1960年代1ドル＝360円が1971年には308円に切り上げられ、その後1973年には為替変動制に移行した。強い円に切り上げられ、結果的に日本のコメの価格は10倍になっていたのである。つまり国際価格では消費者価格でも生産者価格でも日本産は及ばなくなっているのである。

日本の農産品の消費価格が「8倍〜10倍」になっていると述べたがコメ価格なら米国1なら日本はコメ8・7倍、小麦6・5倍、トウモロコシ9・1倍、大豆8・3倍で、野菜・畜肉類でオランダが1なら日本のトマト2・0倍、キャベツ2・1倍、牛肉5・3倍、豚肉2・4倍となり競争にならない（FAO〈国連食糧農業機関〉データ2007年）。

更に生産者価格を検討しても穀物類（ドル／t）で日本2087、中国278（7・5倍）、フランス233（8・9倍）、米国249（8・3倍）になりこれらは食管法による人為的値上げによるものである（FAOデータ2009年）。生産者レベルでも日本は10倍に近い原価になっている。

＊やはり背景には日米貿易摩擦の回避思考がある。テーマは工業製品と農産物の貿易自由化が取り上げられ、牛肉・オレンジの自由化が日米間で大きなテーマであった。当時デコポンという「匠が育てた樹上完熟の高糖度の蜜柑」が話題になった。これだってニュージーランドの技術開発によるキュウイ並みに国際化していない。日本がとった自由化対策は量産化や技術の開発は禁止（減反対策）して貿易の対象になりにくいコメなどの地域ブランド化、匠並みの職人化による極端の農産品づくりで自ら貿易展開の道を塞いだのである。

＊さとうきびはベトナムやタイ国に比べて約6倍〜8倍の価格である。これでは競争できないため価格差を調整金で保護しようとする。

それでは日本は生産量の何％が輸出されているか（ＦＡＯデータ）希少価値とみるかよって見方が違ってくる。それらはそれぞれの全生産量の０・何％に過ぎない。日本農業は日米貿易摩擦の回避の犠牲にされ高級化とブランド化に偏った政策であった。それはさらに生産量の何％を輸出してきたか、つまり（輸出量÷生産量×100）が如何に低いか：リンゴ４・２％、茶５・３％、コメ０・27％、ブドウ０・64％、モモ１・03％、イチゴ０・33％、玉ねぎ１・67％、ナシ０・53％、ミカン０・23％、キャベツ０・07％、ニンジン０・１％、トマト０・００％、ホーレンソウ・ピーマン・ネギ０・００％である。

それらの技術は直ぐに東南アジアに真似されていた。日本の失敗である。量産による競争価格化を回避してきたがそれは農林省が進めてきた減反政策の結果である。

しかし同じくオランダ（輸出÷生産量×100）でみればトマト１１０％、ピーマン１０９％、ブドウ2万２８０６％、野菜類17％、メロン９５９７％、イスラエル（輸出÷生産量×100）ナツメヤシ２０１１％、ピーマン25％、ニンジン60％、マンゴー39％、ミカン67％であった。これが本来の自給率である。本来の自給率とは次のとおりである。

消費量÷供給量（生産量＋輸入量－輸出量）×100＝％

トマト生産比較１９８５年当時

	オランダ（10ａ）	日本（10ａ）
生産量	70〜８０７t	15〜25ｔ
所要時間	９９０時間	１８９７時間
相場(kg)	１００円	３００円

トマト粗生産高１８００億円（内輸出80％）、１８００億円（国内向けの）

１９８５年の生産性

	収量t／10a	生産価格
オランダ	５０７t	９８６円

ドイツ	25t	1252円
フランス	186t	968円
イギリス	416t	1574円
日本	0・6t	208・7円

注目されるのは日本の生産性が低く効率の悪さが目立つことである。

2　日本農業の技術開発の低迷と競合の実態、低生産性の原因(1)

日本の農業の歴史はコメを除けば余り古くはない。

農業といえばコメだけが農業だった時代は長かった。それは歴史始まって以来農業といえばコメのことであったからである。その実は明らかに水との関係だ。水が豊富にあり、あまり重要性は感じてなく米国欧州流の灌漑（イリゲーション）の比ではなかった。第2章で詳細にのべるがドイツのハーバー・ボッシュなどの技術が加わり1

950年代になると空中から窒素を取り出す技術が世界中に広がり無限に無機質の窒素が取り出せるようになった。大量の窒素肥料が生産され人口問題は解決されたからである。1950年代まではマルサスの理論（後述）通りであった。1965年後半にはマルサス理論は終った。

1961年から2009年まで48年間に世界の人口が2・3倍になったが食糧生産は5倍に増えた。

海外では少なくとも農業人口と水は無関係にあった。狭い国に多くの人口がくらし食糧不足を経験してきた日本に食糧が余り気味になってきた。コメ一本で農業を創りあげてきたが1950年代に入り化学肥料の普及で他の農作物（小麦、大豆、トウモロコシなど穀物類はあまり水は要らない雨水で充分という）までもコメ並みの農業に加わってきた。最近では穀物類を飼料とする牛、豚、トリまでが食料品に加わってきて大量の肉がつくれるようになった。

特に沖縄では最近の農業産出高をみても、サトウキビに代わって畜産が沖縄農業産出高の45％を占めるようになった。とりわけ肉用牛が急増している（2015年）、食肉が増えたのは穀物供給量が増えた結果である。全ての肥料の元素は窒素・リン・

カリウムで空中窒素を固定することによってアンモニアをつくり無機の硝酸アンモニアを創り出されたものである。

アリストテレスに代ってリービッヒ（ドイツの農芸化学者）が空気中から有機に代わって無機の窒素N、リンP、カリウムKが植物の成長に不可欠条件であると立証されると世界の無機の硝石が不足するようになった。その後には空気中から無限に窒素を固定化し硝酸にして肥料化した結果である（ハーバー・ボッシュの研究による）。

＊例えば化学肥料の施肥量（窒素、リン、カリウムの合計換算）と穀物収量（いずれもha当たり）、及び人口単位100万人を比べて見れば、

	施肥量kg	穀物産量（t）	人口百万人
1950年	28	1・23	2532
1970年	97	1・26	3696
1990年（50年比倍率）	203（7・25）	2・65（2・15）	5306（2・09）

将来に向けてどう対応するか。日本、特に沖縄にとって先端を行くハイテク農業のオランダ・イスラエルに学びIT化のクラウド農業、ICT農業、太陽光植物工場化に農業の未来像を描いていく必要がある。一方、例えば灌漑なら従来の放水灌漑（水利用率5〜15％）からドリップ灌漑に切り替えていくとか。あるいは水利用の灌漑はドリップ irigation といい、肥料を加えたものを施肥ドリップ（点滴施肥灌漑）fertigation を多様化するとか、溶液栽培に切り替えていく必要がある。

3　日本農業の低迷の原因、他の農産物に移転し価格高騰の原因に波及している（2）

全ての日米貿易摩擦の原点が日本の「歪んだ農業政策」にその原因がある。貿易摩擦を回避するためにとられた政策が減反政策及び食糧管理政策などであった。日本は「輸出」することにはあまり熱心ではない。しかしTPP・EPA・FTAが国際レベルで自由経済協定が実行され輸入が避けられない今日に至っても輸入を押さえセイフティネット方式で保護しようとしている。減反政策が機能しなくなっても輸出していくという思想は弱い。

また1993年コメ被害が発生し、外国産を輸入して日本人が食べもしないタイ米が如何にまずいかを国民に強要し植え付けてきた。また輸入を押さえるために関税だけでなく、農薬問題でも世界的に日本が農薬投入量でトップにも関わらず輸入を遠ざけ逆に日本産が一番安全だと誘導してきた。

技術開発で競争できるのは低開発ではなくブランド開発化で貿易摩擦を回避して富裕層狙いを煽ったのである。歪んだ「輸入を押さえて、関税も高くして、農家を保護する」政策が2000年代も実行されたがそれは食管制度、減反政策、技術開発をタブー化して進められた結果である。

4　米国・ＥＵ規定のデカップリングへの対応

ＷＴＯでも世界の趨勢となっていて、価格競争に晒される農家を支えるための保護政策（価格支持）を止め、直接所得補償するという農業政策の大転換したのである。農業困難な地域をどうするか、農業のもつ２面性の問題である。その島嶼経済の関係から離島農業への道を述べる。

（1）デカップリング制の成り立ち＝ＥＵの共同農業政策（ＣＡＰ）

１９９２年に導入の直接支払い制度で、２０２３年のＣＡＰでは年間直接支払いの25％以上を環境保全型農業に充てるとしている。

農業保護のため生産刺激的な機能を所得補償機能とを切り離し価格支持をやめ農家

に対し直接的な所得補償を行う政策である。

米国景気が減速して、つられて世界各国の景気が低迷することがなくなり米国の影響力が低下している。元々１９８７年米大統領教書に新しく出てきた言葉で80年代に入って過剰生産と財政負担が大きな問題になり「農産物補助金支給で農家を支えるのではなく所得政策で農家を助成する政策で両者を切り離すことを指す言葉である。そして農産物価格は市場性に委ねる」（朝日新聞知恵蔵）という内容である。

日本ではすでに中山間地域を対象に実施されているが、しかし品目が対象となっていて所得補償にはなってない。そのために沖縄でもこのデカップリング政策が十分に機能するように検討の余地がある。同時に洪水防止や水資源の涵養を重視する環境保全型農業（多面的機能）が奨励されているため検討の余地は十分にある。そのため問題の農政は市場の原理に従う農産品と他方の農業の所得補償の2面性に位置づけたのである。

ＷＴＯ規定では農産物に人間の手を加えると農業は食品工業と定義され自由化品目として扱われている。事実世界の農産物輸出は70％が加工品である。「いいものを、安く、早く」造るのがものづくりの理論で地球上、一番安いところで生産し売っていく、あるいは輸入して加工して輸出していくことが自給率100%を実現していく道であるというのが欧米の自給率論だ。「競争力のある日本農産品を国内外で売られ消費者に安いものを提供していく」方向が今後の日本農業の道である。前述したが、簡単にいうと牛・豚・鳥は農業だが牛肉・豚肉・鶏肉は加工食品というわけである。だから輸入して加工して輸出すべきである。そうすれば自給率も高まる。

一方の多くの遠隔地離島を抱える沖縄は「農業の多面的機能に着目し欧米の実施しているデカップリング制を利用して品目横断的に離島の農業に適応して農家の所得を補償していく」。これが市場規模は小さくとも高コスト構造の農業の不利な地域で農業を成り立たせる道であろう。そうすれば文化や風景のある多面的機能の農業は観光農業に転換し、所得補償の上でレジャー化していくことができる。農と業の分離である。この事例は既に台湾で行われており年間2000万人の観光農業を実現している。これは一般の観光ではなく都市市民が農民として働く光景である。(第5章後述)

政府の「食料・農業・農村基本計画」により理解を敷衍すると、それはプロの農家を中心とするスケール追及の農業構造の改革である。農地のリース制を通じて株式会社の農業参入の認定、また補助金制度は生産量ではなく耕作面積に応じ直接支払う制度にしていこうということである。消費者サイドに立った、食品表示システムの整備、リスク管理の徹底や食育・地産地消の促進であり農産物や食品の輸出促進には現在の輸入対輸出の比率（20対1の割合）を改善していこうということにある。

ここでは沖縄の新たな価値を創造する観点から農業構造改革と沖縄の産業の創造の観点からいうと地域農産物を例えば沖縄物産の産業論として取り組む指針が見えてくる。それは①地域ブランド化の促進と知的財産の確保、②滞在型農業としての都市型農業の推進、また③安心・安全という自然・環境を重視した一次産品の供給の確保と原料の産地表示の義務化の推進である。この3点を追求することで沖縄農水産業の産業化していく姿が見えてくるのである。

（2）ＴＰＰ論とデカップリング、条件不利な農業の支援

ＷＴＯ加盟国は条件不利な地域の農業ではヘクタール（ha）当たり４０００円〜３２００円の直接支払の給付をうけることが出来る。１９９９年にはＥＵ15ヶ国の農地面積の48％が条件不利地域に属し全経営数の16％が給付を受けている。経営単位の平均38万４０００円、ha当たりでは１万２０００円を受けている。

日本では中山間地域や棚田などの農業の困難性に鑑み所得を補償して農業を成り立たせているが同時に他の一般農業の二面性も同時に追求して来た。つまり自由化品目扱いでは競争できない農業の二面性がある。

風景としての農業はカルチャーでＥＵ規定では直接農業を離れたデカップリングとして所得を補償するサービスを事業として農業に代っている。輸出する農業ではなくカルチャーとしての所得の直接支払制度により風景としての農業を保持するいわばサービスとして観光を農業として守っていく方式が進められている。

沖縄の北部などの放棄農用地は行き着く所はレジャー農業・観光農業として「農業

は農と業は分離していく方式」が見えてくる。結果は農業を保護し外からの市民農業者を導入し働いてもらう。それが遊びのレジャーとして農泊し働き帰っていく。エイサーを如何に観光にするか、村芝居に如何に観光客を誘導するか。観光はつくるものとしてカネを落とす、食との関係をつくる、そのためには土台を作らないと出来ない。

その多面的機能として農業経営の所得は補償されるので安心して農業を続けられる。直接のビジネスとしての農業は自由化品目そのものの食品として、つまり農業としてではなく加工食品工業として地上で一番安く造って生産して世界市場に供給していくものと位置づけられる。この輸出強化によって輸出＝輸入が等しくなるときWTOのいう自給率100％になるのである。今の高齢化、ブランド化はカルチャーとして農業を展開していく性格のものである。

これまでの農業補償や減反政策が通用しなくなり代わって今の日本の農水産物・加工食品は輸出政策として強力に進めていくというものである。輸出が増大すれば恐らく農商工連携と同様に6次産業化や地産地消も農家保護も実質なくなる。世界的に農業は生産活動と見なされ、農業のもつ「多面的機能」を重視する日本的農業政策は重要になってくる。これまで手を付けなかった競争力のある低価格技術をタブー化して来た手法を廃止し、高級ブランド化指向や高級品化に偏る手法もなくなり、競争のための量産化技術開発を推進し、高級化ブランド化は更なる上の高級化ブランド化の技術開発が求められてこよう。他産業並みに自動車や機械工業、繊維産業のように自由化に向かって海外に出て行かねばならなくなったのである。

日本では中山間地域（棚田など）の農業の困難性に鑑み所得を補償して農業を成り立たせているがこの二つを同時に追求して来たものが日本の本来の農業である。だから数年後の関税がほぼゼロになり、本格的自由化をどうとらえていけばいいいか。

米国や欧州先進国の農産、デカップリングの結論

それは手を加えた農産物を食品産業として位置づけ、工業品並みに取り扱う産業政策である。ウルグアイラウンド以降ＥＵでデカップリング制を導入し、多面的機能を非農業として扱い農業困難な地域でも農業ができるようにした。むしろサービスにウェイトを置いた農業にしたのである。同時に所得補償も確立したのである。農業を産業とするなら自動車や機械繊維並みの競争条件とし、観光並みに生き残り策を取っている農業が成立する。日本では中山間地域などへの直接支払制度に相当する。

＊観光分野への展開、保護され輸出していく競争農業ではなく農業のもつ多面的機能を確立していくことで観光との関連強化で産業になっていく。まさに観光農業だ。今日！では輸出と言う場合日本も「農業水産物・食料品」と捉えている。

（3）日本型デカップリング制の導入と農業支援の在り方

日本型直接支払の根拠法とは：農業の多面的機能の発揮促進法に基づく3種類の支払い制度があって、①多面的機能の支払交付金、②中山間地域等直接支払制度、③環境保全型農業の直接支払交付金の3種である。具体的には同法を活用してない地域に対し活用に向けたノウハウの共有支援、次世代の担い手の活用に繋げる。地域独自のルールや運用、情報システム。地域体制の整備、6次産業化や農泊などの活用や活動展開、筋が3種あって欧州型とは異なる。産業振興的なことよりも社会保障的な要素が強い。多面的機能を産業化することへのヒントである。

一方、農業とは農地に植物を育てることが、多くの日本人の伝統的考え方で、農業風景のある農業をいい、米国・ヨーロッパでは農業とは食品加工業と定義して自由化の対象とする農業である。そして農業者を独立した事業家として位置づけ産業の担い手とする。

つまり日本の農業の多面的機能を重視する農業とは自然条件下では農業に適せず、洪水防止、水資源の涵養を確保する農村風景を重視する農業であるといえる。

従って日本の方向は米国・EU先進国と同様に農産物は市場に委ね、代わりに不利な地域の農家所得を補償することによって農業を成り立たせていくことである。

5　いつ日本農産物は関税ゼロになるか

品名	現行関税率	TPP／EPA取り決め
こんやく芋	1700%	6年目までに15%削減
インゲン	1100%	2024年までに0%
ぶどう	7・8～17%	即0%
リンゴ	17%	2024年までに0%
茶	17%	2024年までに0%
バナナ	20～25%	2024年0%
玉ねぎ	8・5%	2024年までに0%
メロン／スイカ	6%	即0%
トマト／ナス	3%／2%	即0%
ニンジン／キウリ	3%	即0%
キウイ	6・3%	即0%

FAOデータ（2019年）

ほとんど2030年までに0%になり国境というものがなくなる。TPP実施後の2019年6月時点では牛肉5%増の24・5万トン、豚肉が5%増の39・4万トン、他に乳製品、ブドウなど幅広い品目の輸入が増えた。特に牛肉は38・5%の輸入関税が16年目に9%に、高級豚肉の4・3%が10年後は廃止（財務省）。

(1) 輸入関税がゼロになるなら本土あるいは海外展開中の沖縄物産の原材料がほとんどが輸入品であるため加工・製造業にとって競争条件は有利になる。県産品のビール・泡盛、ジーマーミ豆腐、蒟蒻麺などの原材料は高関税で輸入されているが、IQ品目、輸入割当、為替制度、差額関税制などの規制のため、これらの非関税障壁はTPP参加で撤廃される。

(2) 貿易外非関税障壁は、例えば各種の制度上の世界に類もない指定保税制度、蔵置場制度の廃止、輸入の定義（関税法と外為法はそれぞれ別の定義）などTPP参加で撤廃が期待できる。自由な船舶輸送を妨げているカボタージュ制の見直しによる本土―沖縄間の運賃の低減とすでにTPP参加に向けて動き出している台湾及び韓国（台湾のＴＰＰ参加表明は13年３月10日、韓国は13年９月９日参加検討を発表している）あるいは日本とのＦＴＡ協定が成立すれば輸送問題が必ず対象になる。そうなると関税はＣＩＦ及びＦＯＢ価格取引を元の自由選択にもどして課税計算すべきである。これなどはＴＰＰ交渉では絶対に通らない。韓国が２０２２年２月の15カ国が参加する地域的な包括的経済連携（ＲＣＥＰ）協定が発効すれば日韓で初めての自由貿易協定（ＦＴＡ）が誕生する。注目されよう。

(3) ＴＰＰ参加によって自由貿易時代にも見られた輸出入の拡大や貨物の集積としての処理の増大は香港なみの各種の工業的サービスを生み出す。例えば倉庫業、曳航運行、簡単な加工、ロジステックス業務に関わる仕分け業務及び箱詰め・ラベル張り、貿易取引のため業務拡大で予想以上に雇用が生まれる。県の物流特区の機能増大も確保される。だからＴＰＰ参加によって高価格維持から直接支払いへ転換（関税撤廃し直接支払にして農業生産を維持して結果的に消費者負担を軽減）になれば農業はもっと強くなるのだが。

(4) ＴＰＰ等自由化への沖縄農業の対応

沖縄農業の代表的なサトウキビも今や基幹農業ではない。サトウキビでは生活が出来ないと言われて久しい。例えば１０００坪の畑でも夫婦２人で実収入が年間40万円にしかならない。農業はどの道、農機の購入など初期投資が大きいため借金せざるを得ない。加えて商売の先が読み難い。特に生産者が自分で決められない価格制度の仕組みや市場情報も入りにくく農業としての経営計画がつくれない、そのため借り入れ返済の計画さえ組み立てられない。さらに原価計算能力や経営管理能力の欠如で農業が経営としては成立し難い事業になっている。

(5) 農業保護のためヨーロッパ並みの農家への直接支払いを充実させる（直接所得補償制度など不十分だ、例えばフランスは一戸当たり３００万円の支援）が必要である。

農業保護にEU８・９兆円、米国２・２兆円、日本４・６兆円であるが日本は高価格維持の農政のため消費者負担が強くコメなど消費は減っていく、しかし欧米は輸出競争を促し内外価格差の弱い部分は財政負担で農家を保護している。

(6) 意外かも知れないが前にも触れたが農産品価格は世界で日本が一番高くて８倍～10倍もする。逆に自由化したことで競合品が生産者価格だと3分の１～８分の１の価格で日本に入ってくる。どう対応すればいいのか、このためこれまでの国の農業支援策が通用しなくなる。或いは他産業並みに自由化に向かって海外に出て行かねばならなくなる。減反政策や農業保護が実質なくなり恐らく農商工連携と同様に６次産業化・地産地消も農家政策としての意味はなくなるだろう。これまで80年代以降も手を付けなかった量産化技術開発を取り戻し高級ブランド指向や高級品化の公平を欠く手法は維持しながら世界で競争するための低価格の量産化技術の再開発に手をつけ、ブランド化・高級化は高めねばならなくなったと思う。

⑺　ＷＴＯ規定では工業製品は自由化しなければならない。人間の手を加えたものは農業産品でも自由化品目になる。しかも牛肉・豚・鶏肉などの畜産のはい合飼料は輸入であり、農業の肥料も原料は輸入の石油・ガスだし、単純にはいかないので農業として成立するか否か判断しなければならない。また欧米と同様に輸入して加工して輸出していくことで自給率１００％超を実現していくことはできる。この方式がこれからの日本農業の道であろう。

一方では和牛なり高級品、ブランド品、はより高価で市場に供給していく。そうすればどんな外国産和牛とも競争していける。勿論高級和牛も米国やＴＰＰ11・ＥＰＡ及びＦＴＡ協定諸国に売っていく。そうすれば地球上で世界的強い日本農業が生れるだろう。

高級品のフルーツトマトも、桃も、ブドウも世界一、安い良質の日本農産物が世界に向かっていくことは可能で、量産化技術で勝負し高級化・ブランド化で市場をリードして行くことは可能だ。

(8)　一方多くの遠距離離島を抱える沖縄は「農業の多面的機能に注目し欧米が実施しているEUのデカップリング制を利用して品目横断的に離島や農業困難地域に応用し農家の所得を補償して本来の農業を保持していくことも可能だ。日本では既に耕地面積の40％を占める中山間地で適応されており自然条件の農業不利な地域で農業を成立させている。多くの離島県である沖縄も十分可能性はある。

特に遠距離離島においては保護されて輸出していく競争する農業ではなく農業のもつ多面的機能を確立して所得を確保していくことで十分産業になっていく。しかし、EUのCAP（共同農業政策）のデカップリングは①競争する農業ではなく後述するが農と業の分離を促し観光化とも融合化を実現させる。②条件不利な地域の農業を成り立たせるため所得補償に加えて、農業は不利だが③サービス業を狙い観光化を図っていくことが脱農業の道である。

サトウキビについていえばシンガポールのようにサトウキビは生産してないが対日

砂糖輸出で沖縄産出の10倍の加糖調製品を日本に輸出している。世界で砂糖と言えば粗糖のことだがシンガポールは砂糖入りコヒー、砂糖入りココアなどで沖縄の砂糖を凌ぐ生産・輸出を確保している。

米国は生産量1100万トンもあるがその85％は国内消費に回し15％は大統領権限でコスタリカなどの国に割り当てて相場の2倍で輸入している。それでも余分が出ればエタノールに切り替え調節弁として砂糖産業の保護と産業として成り立たせている。これがこれからの自由化への挑戦である。

6　沖縄農業の根本問題と対応策

（1）農業産出高の右肩下がり

今日の農業問題は経済構造（生産と流通）が非常に弱い点で、且つ人間の生計・生存を維持するという根本問題の解決につながらない農業になっている。「生産・生存」ための過酷な農業環境・条件からの解放すら見えてこない。本土向け野菜類は75億円から低落して今では凡そ半分だ。むしろ、１９７０年代から80年代にかけて農産物市場開放を巡る外圧やコメの生産調整をめぐる農家や官僚の力関係によって毎年のように制度が変更され「新農法」を発表され繰り返されるも「未達、未完」に終わっている現状だ。

内容は「農業産出高の長期の右肩下がりの低落」である。

従来はサトウキビ生産が170〜190万トン時代に比べて今日では凡そ「100万トン減少×単価2万円＝200億円」の消滅に繋がっている。心配するのは他の農産物も含めて全体の農業生産高も同様な低迷傾向にあることだ。野菜類の自給率の低迷（県卸売り市場で通年17％、夏3％）や農業所得の不安定性にある。従って如何に農業所得を増やし観光需要に応えて産業化していくかが問われる。以下はその原因について述べている。

（2）沖縄農業の産出高低迷の要因

Ⅰ→**技術開発のおくれ**の問題、2011年までの過去50年間の技術開発、特に自由化に対応した技術開発がなされず、緊急として台風・熱中症・高齢化対策が見えないことである。

Ⅱ→**生産性の悪化**の原因は行き過ぎた減反政策や価格政策が他作物にも及びその影響で作付面積の減少、農業者のリタイヤーと離農者の増加・若者の農業拒否、機械化の限界。農業者の科学的知識の欠乏などがある。

Ⅲ→**市場性の問題**＝沖縄でいえば観光客の急増に並行して野菜などの本土からの急激な流入、現場における農薬・化学肥料の投入や健康被害や季節性から夏場野菜の急な減少と誤った低自給率の固定化である。

Ⅳ→**緊急な問題**は「農業が観光と環境と健康に繋がってない」ことで他の産業に重大な影響を与えることである。観光事業の受身的、消極的姿勢、観光を産業化するという構想が見えずまた産業として展開するという姿勢が足りないという全体像が見えてくるのである（どういう対策とするかとして）。

（3）沖縄農業の独自の展望と戦略

それでは沖縄地域の未来を展望し発展の繋がりを考えると、あるいは地域の連関性を展望した場合、北部地域、宮古・八重山地域の農業生産は県内全域及び全国向けの供給基地としていく必要があり、輸送・配送システムを構築していく必要がある。

以下は特に北部地域の活性化で地域独自の取り組みがえられ、その上でいずれも個別所得補償制をフル活用して地域横断的な政策を導入して農家の活性化を促進していくことは可能である。人口の82％が沖縄本島の中南部に一極集中する形になっており北部と那覇間の交通が短くなるに従って北部の人口は減少していくことは避けられない。

＊沖縄県の耕地放棄地率10・2％で、面積にして3760ha（18年）、経営農地規模（販売農家）の耕地状況は0・5ha以下が23・8％、0・5〜1・5haが44・9％になっている。言わば1・5ha以下の経営農家が68・7％を占め農地集約化の遅れている地域である。しかも放棄農用地の非農家が61％を占め全国一高いことが農林省のまとめで分かっている。

特に面積を取らない農業に移行していく、と同時に市場は本土展開に。

農業は本土出荷を前提とする時代に向けて、競争力をつけるには農耕地の面積を確保し集約して行かねばならない。一方、集約化が必要かというにはさとうキビは土地集約型農業で農地が多ければ大きいだけ機械化が容易になりかつ原価も安くなり競争力がつくからである。コメの場合は10haごとに原価が低減し、30haでは約30％安くな

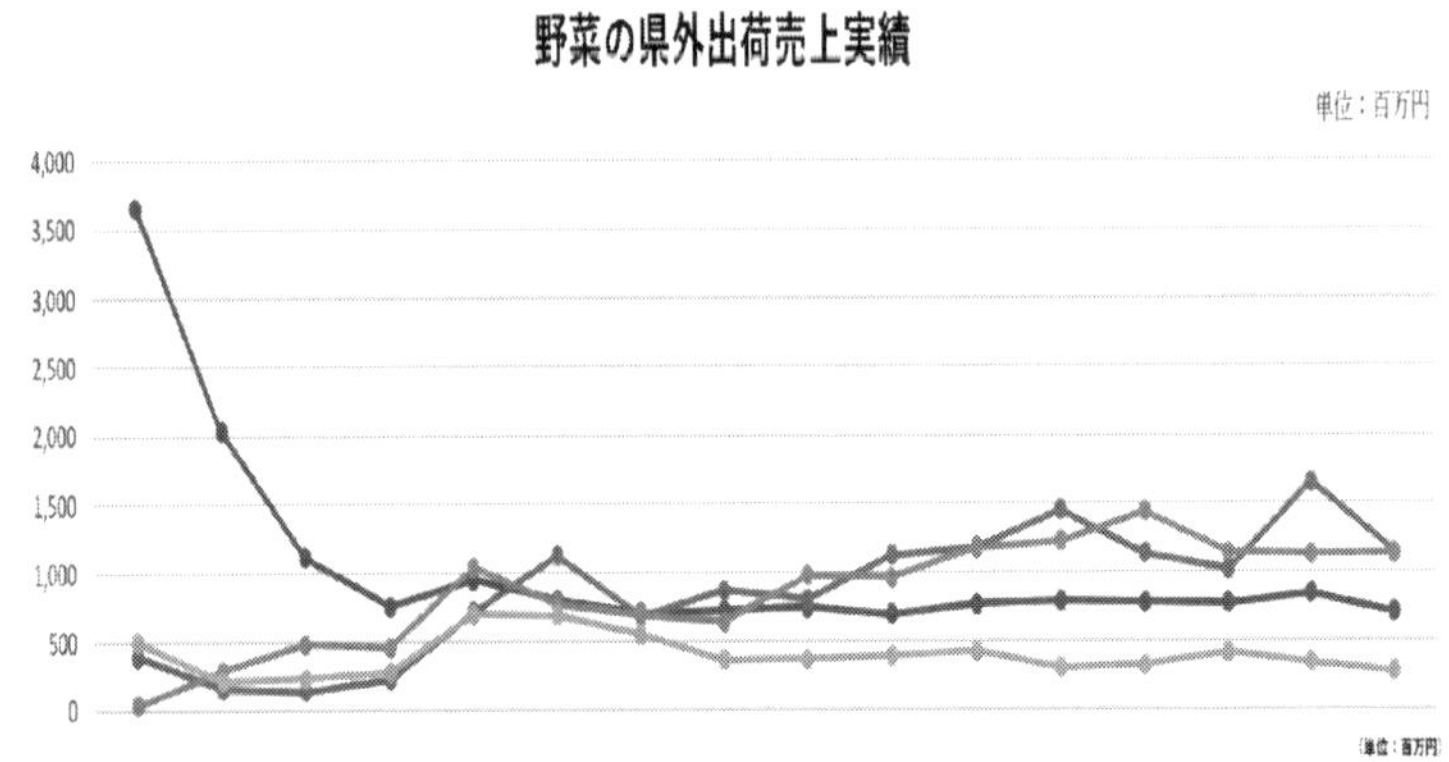

	1990年 (H2)	1995年 (H7)	2000年 (H12)	2005年 (H17)	2008年 (H20)	2009年 (H21)	2010年 (H22)	2011年 (H23)	2012年 (H24)	2013年 (H25)	2014年 (H26)	2015年 (H27)	2016年 (H28)	2017年 (H29)	2018年 (H30)	2019年 (H31)
さやいんげん	3,654	2,025	1,110	758	946	802	704	726	744	697	770	791	780	773	843	708
かぼちゃ	398	158	140	227	716	1,123	683	872	802	1,125	1,180	1,450	1,137	1,016	1,651	1,143
ゴーヤー	41	295	485	463	1,041	772	696	643	977	958	1,173	1,225	1,438	1,138	1,130	1,130
オクラ	502	217	238	280	701	697	555	366	374	396	431	311	328	418	344	276

「沖縄経済ハンドブック」より

るという計算である（米国）。逆に中南部地区では市場が狭隘だが供給基地としては高いが発展性は制限されない。従って機械化、自動化、ロボット化を進めていくスマート農業の動きである（政府）。

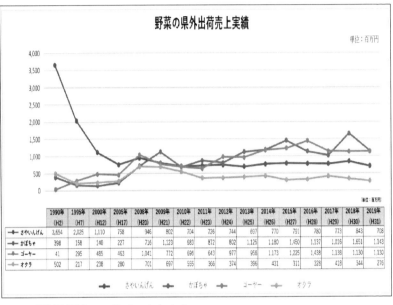

7　太陽光利用の植物工場の考え―沖縄農業低迷と対応

（1）工業と農業が融合し新しい産業が生まれる

この10年筆者が世界的に求めてきた農業は栽培の機械化であった。植物工場化であった（後述）。

沖縄が唯一参画できる先端産業であると判断している。日本農業の特徴は土、水、肥料というコストに遠く距離を置くオランダ農法と次元を異にする高コスト農業である。しかも農薬・化学肥料をたっぷり使うので非健康的で特に土との関わりでは日本独特の歴史的、制度的、政治的、社会的関係でいろんな縛りがある土地農業である。同時に日本式農業は沖縄では人間労働の面で負荷が加重になるなど自然的環境との関係、例えば台風、塩害、豪雨、灼熱、など危険性が伴い有利性は見出し難い。とりわけ重要なのは農業を取り巻く自然環境や栽培条件のコントロールが困難性なことだ。かつ造る側の意向で要素の変更できる農薬とか化学肥料の人為条件もコントロールは容易でない。本土を真似した農業では発展はない。輸出指向の農業に切り替えていかねばならない。

しかも植物工場となると土地にあまりかかわらないという点で沖縄には有利となる。言わば植物工場は野菜生産において自然に関わる物理的、化学的、衛生的、医学的要求に応えられるコントロール可能な利点がある。加えて工業との接近で荷重労働が緩和され年齢に関係なく働けるメリットがある。

(2) 地域振興策として

植物工場は高齢者と若者との交流、それぞれの役割の複合的社会が実現できる場でもある。それを拠点にモノが生産され加工され、流通し販売されるため地域に産業や企業が生まれ高齢者や失業率の高い若者の就業の場もつくれる。人工光工場現場でも10a×10段=200人雇用をも可能とする。まず、地域に人間が集まり、雇用され市場が複合化されサービス関連の農業は多くの都市型中小企業を生む。季節に関係しない野菜や医学的に必要とする野菜類が作れる。植物が必要とする光合成栽培が最大限活用できる。また台風など自然災害を回避できる野菜も作れる。市場変動に対応できるマーケットイン野菜が作れる。これらが地域の基盤産業の一角になる。好例はシンガポールにある。

（3）ビジネスでの市場価格の安定性

生産量の安定性、安定した事業運営が期待できる。

出来た野菜は虫が付かない、ドロが付かないので清潔で衛生的で健康的である。さらに季節に左右されない生産、安定した供給が期待される。疲れきった露地栽培から解放され生産現場における「癒し効果」も生まれる。

（4）農業の後継者育成効果

若者が農業に戻ってくるような好奇心がつくれる。

自分の子供に後を継がせたくないという農業者には朗報である。植物工場なら安心して継がせる。離島には農業が手放せない高齢者の多くおり、自分の子供達に植物工場を設置して任せられるので、あるいは共に農作業もでき、コミュニティー効果も大きく期待できる。

このような農業はもはや従来の農業ではない。工業・医業・薬業を加えた産業であり農業工学という最先端の産業である。

8　植物が育つとは何か

それを植物工場というかあるいはIT農業というかは別にして、土（面積）と水を使わない農業を例の東日本大震災以降導入する地域が拡大してきた。植物の光やCO_2等成育要素を制御して安心・安全・安定の供給を工場で生産しようという動きだ。日本は農業を輸出産業として取り組む姿勢がようやく始まったとみている。

オランダ人はCO_2や光を植物生産の原料という。さらには湿度・温度もそれに含めるが溶液肥料以外はすべて自然のただのものである。それは土・水・化学肥料をガンガン投入すれば植物は育つというのは日本人の誤解ではないか。植物は光合成活動によって育つもので葉の気孔活動を無視した栽培はムダで産量は少ない。気孔活動が停止すればどんなに水や肥料を投入しても植物は育たない。根っこから吸い上げた水は葉っぱから同じ量の水分が出ていく。またＣＯ$_2$濃度を外気の濃度が３００ｐｐｍに合わせて１０００ｐｐｍ程度で上げて制御していけば成長が12％増大し、光の明るさを１％増やすごとに産量も１％増大するという原理に基づいて野菜・果菜を生産しているのがオランダである。

しかもトマトなら生産量が日本の３~4倍で３００坪当たり年間１００トン、沖縄8トンの約12倍という植物環境制御でそれを達成している。平面というとらえ方ではなく立体というとらえ方なので政府でいう米国やオーストラリア等と競争できるという耕作面積は問題にならない。葉野菜類は低段密植の一段栽培だが、採光活用のトマト・ナスなど果菜類は軒高７ｍの高段密植栽培が進んでいる、しかもオランダは野菜産量の80％、トマトなら95％が輸出という産業である。これは日本が温める農業だがオランダは高度な採光利用の農業であり沖縄の手本となりうる。沖縄では夏場の冷やす農業

＊水耕栽培とはハウス栽培に於いて水の代わりに培養液を使う方法である。水耕栽培は土を離れるという意味で一歩工業化に進んだ方式と言える。水耕栽培は土壌菌がなく清浄ではある。露地栽培に比べて軽労働で移植と収穫が容易である。またスプラウト農法では豆苗などのように発牙直後の野菜のことで（村上農園）工業的生産の利点が多い、農業の工業化である。

が課題であり、冬春期は22℃～23℃という植物栽培の最適の場である。

日本人は世界でも多く野菜を摂取する国民である。1年中新鮮な野菜を食べるためハウス栽培が発達した。イチゴ、トマト、キュウリ、ピーマン、メロンと施設栽培は露地栽培を上回っている。主要野菜うち3分1は施設ものである。「施設」とはビニールハウスによる野菜、花卉、果実などの栽培の総称であり、作物を外部から部分的に熱遮断し、冷房など環境制御を施し野菜生産ができると言うことである。ビニールなど被膜剤は可視光線より波長は長い、熱線は通しにくい。

このように施設内では温度のコントロール中心に環境制御を行い暖房機と換気扇のオンオフ、天窓と側窓の開閉が主な制御操作となる。他に保温カーテンを付けたり、雨水が入らないように潅水装置を設置したり、植物工場では光合成促進のための炭酸ガス施設を持つ場合がある。このような操作をＩＴで行なうこともある。

9　植物工場への道筋——米軍は生野菜を食する

植物は光合成で育つ。このことの追求が土と水に偏向しいているのが日本農業、だが土も水も十分でないオランダやイスラエルの欧州農業との違いは己の不利性を克服することで逆にそれを有利に展開、世界トップの輸出農業を作りだしたのである。

植物は有機肥料を吸収して成長するというアリストテレス理論から１８４０年リービッヒが「植物は無機物を摂取して有機物を作る能力がある」という「無機栄養説」を発表する。これが鉱物肥料の消費に拍車をかける。例えばグアノ（海鳥の糞）、及びチリ硝石、リン鉱石、カリ鉱石という無機の鉱物資源から出発して肥料へ、第一次大戦後はさらに空気中の無機原料の発見から無機肥料に変換して産業革命と並行して農業革命が興るのである。

このような社会にあっては増大する人口は土地の拡大を求め植民地拡大に走ったが20世紀後半から100年間は人口増が激しく16億人から63億人へと4倍に拡大した。今日では人口78億人と言われる。しかし耕作面積は6億haから7億haへ微増したに過ぎない。

＊物産の産業革命の特質は社会が土によって生産される有機物を源流とする経済から鉱物を原料とする経済への移行であった。つまり産業革命とは植物繊維や羊毛、皮革などの衣料から機械織物へ、植物油の燃料や動物の油脂の明かりからガラスランプへ、家屋資材、馬・牛などの輸送手段も機関車へ、土地の生産物から鉱物資源のエネルギー経済への移行であった。第二次世界大戦頃までは農業の力が国力であり、人口を何人養えるかを規制した。グアノから始まり、チリ硝石の取り合いが第一次世界対戦の原因で第二次世界大戦へと繋がっていく。人口が養えない国や地域は移民政策を取らざるを得ない。この人口問題を解決したのは化学肥料であり工業化農業だったのである。やっと1950年代後半には餓死や飢餓が中進国や先進国から消えた。

米軍は生野菜を食する。米軍は畜産（ライブストックという）と共に　養液栽培も持参する。米軍基地あるところ必ず水耕栽培＝養液栽培のコンセント野菜工場があった。日本では東京調布と滋賀県大津市にはハイドロポニカという大規模の養液栽培場があった。調布飛行場の西側に「ハイドロポニックファーマーと呼ばれる農場が米軍によって造られ一角に10haの「ガラス温室」と20haの露地施設が出来た（池田教授、1946年）。ここで米兵はサラダの苗を植えて栄養豊富な養液を与えて育てた。これが世界初の養液栽培となった。また厚木基地や横須賀には水耕栽培場、沖縄の豊見城には養液栽培場があったように土を使わない、水も使わない、養液による土から離れた野菜栽培工場が産まれた。

今日のTPP・EPA・日米FTAの自由化に突入した農はカルチャーであり業はビジネスとする。日本農業はこの二つの農業側面を重要視する方向になってきた。今流に言えばレジャーとしての農業と分けて考えねばならなくなってきた。戦後農地法の改革により農業から経営者が消え「農はあるが業がない」ともいわれてきた。また百姓がいなくなったということである。

第2章

途上国型から先進国型農業への転換

1　研究開発によって先進国型の輸出産業へ

(1) 先進国の技術優位農業

農業を決定づけるのは、地理的偏在ではなく技術開発を持つ農業技術の開発力による。そのことは、1950年代の米国農業の技術開発が証明している。地理的与件ではなく技術開発を持つ都市農業への転換である。

途上国農業が国際競争力を持つのは農業技術の発展段階が低い農産品に対してとか、例えば育種の水準が低い農産物とか、機械化の水準が低い農産物とか、あるいは栽培技術の低い段階の農産物とか、こういう時には低い賃金水準が国際競争力を決定するので途上国農業が競争力をもつ。

例えばバナナ、コーヒーなどは途上国が優位の産業である。あるいは熱帯性気候条件を背景にした途上国優位の輸出産品だ。どの途上国かは問わない。しかし、いったん、先進国が手を付けて研究開発した農産品になるとたちまち途上国は輸出国から輸入国に転落する。

本来自国の産品であっても途上国は技術的開発に勝てず輸入国になってしまう。1950年代の米国の技術開発の「酪農、畜産、食糧穀物」の技術の組合せはすべて途上国輸入産物から先進国技術になった技術体系の農産物である。バリ島に行って見ると良くわかる。2000m級の山で日本大手のコーヒー会社が農園を持って日本に輸出している。技術は勿論日本の技術だ。

バナナ、コーヒーでも先進国技術が熱帯性気候条件の国へ進出して「技術＋経営」ベースの輸出をしだすと途上国は競争力は持ちえないため輸入国になってしまう。つまり農業というのは本来先進国技術優位の産業であり、途上国の産業ではない。技術力があれば優位の産業になれる。時折、世界の食糧事情でいうと先進国は余っているのに途上国はいつも食糧不足である。農業が途上国産業というならそのようなことは起らないはずだ。

日本もかって飢饉や飢餓が起こるのは東北や北陸の途上地域のことで江戸や京都で

はおこらなかった。農産物は価格の低い地域から高い地域に流れるもので飢饉・飢餓地域には流れない。いまでも東京の自給率は1％、大阪は2％である。しかもそういう都市では飢餓や飢饉は起らない。香港やシンガポールでも起こらなかった。

なぜなら都市が農業技術（育種、機械化、栽培の技術）やノウハウを持ち、且つ販売を含む経営能力を持っているからである。砂糖キビを作ってないシンガポールがなぜ砂糖の対日本輸出できるのか（沖縄の約10倍の70億円）、平均温度33℃のシンガポールで観光客を含む1日約1500万人向けの葉野菜を栽培して供給しているのか。本来、葉野菜栽培は29℃が限界だ。だからシンガポールは常時農産物生産の技術を持っている外国企業に誘致を呼びかけている。つまり農業とは決して途上国の産業ではないと言うことだ。

なぜ世界のコーヒー消費量の3分の1は日本か、なぜ日本のパプリカの消費量の90％は韓国産か。考えてみると農業は国の大小ではない。開発というイノベーションの問題ではないか。特に最近のコロナ禍の時代でイノベーションが求められる時代になってきた。石油を始め穀物などサプライチェーンが低迷しもの不足時代に論じられてきた。当然これらは物価高を招くことを意味する。原料の節約、電気、水、など生産コストの節約、逆に商品開発の有り方、自動化による人件費のあり方、専用する面積空間の節約などこれらの全てイノベーションという技術開発によってなされる現場である。

（2）農業は研究開発型産業

米国では農業は軍需産業と同様に研究開発型産業と位置づけられる。それは種苗等新産品の開発と生産工程の革新の2つだ。ここで技術革新とは生産要素の組み合わせが次々に変っていくことである。

オイルショック以降でもアメリカで技術革新が続いた。従来農業はボトムプラウ方式（日本と同じで天地返しという）で次々土地を掘り返していく方式であった。それに耕地を耕してくいくが塊りの部分が残り後で土地をならしていかねばならない。もちろん、石油の消費金額が嵩み価格が上がっていたため石油は使わない方向に代わって技術開発に移行する必要があった。そこでチゼル法が開発された。

チゼル法というのは次々に穴を開けていく方法で不耕起直播法ともいう。土壌の性格から得た結論であろう。

その結果、燃料の消費量が5分の1に、畝の幅が狭くてすむようになったため、除草が不要になった。従って肥料効果がよくなったのである。結果、品種改良の方向に代わっていった。

つまり数年でアメリカの耕法が変っていったのである。例えば栽培方法や品種改良の方向が変った、農耕・農業の技術体系も変わったのである。つまり石油を使わない技術体系に移行したのである。コメの場合はイリゲーション技術の進歩が砂漠地帯に改革をもたらしたのである。

自然に依存した農業よりも人間の技術開発に依存した農業が強い。自然条件というのは自然環境（地形・気候、季節など）の影響を強くうける。

一方人間依存とは自然条件を克服する研究・技術開発力、展開のためのマーケテングや経営力が十分であれば競争できる産業にもなれる。その時農業は米国と同様に**研究開発型産業**と考えねばならない。米国との貿易摩擦回避のために日本はブランド化指向に進んだ（1章で述べた）が、しかしオーストラリア・ニュージランドは対応するコストの低下ための技術開発の政策をとったのである。

＊コメの生産コスト比較。コスト面では10ａ当たり米国2・1万円、日本14・7万円、その差は7倍。消費者価格面ではトン当たり米国206ドル、日本2015ドルその差は9・7倍だ（最近の農業新聞情報）。

2 イノベーション

（1）市場価格とイノベーション

市場価格が自分でコントロールできるときは価格が上がっているか、下がっていてもイノベーションは起こらない、あるいは政府によって価格統制されている場合も技術革新は起こらない。

不要な価格政策をいくらやってもコストダウンにはつながらない。政策は優秀な農業者が自由に活動できる場を設計していくとか、あるいは生活保護的な内容ではないので保護しなければならないと変えていくべきではない。将来競争力ある産業に育てるにはコストダウン政策が必要となる。農業は工業・サービス業の発展の後に本格化局面に入るため日本などは正にその時期にきている。工業は「技術＋サービス業市場」の世界だが「今や日本の農業もサービス市場の成立」に向かうべきである。一般には市場価格がコントロール出来なくても上がっているとき技術革新は起こらないが下がっているときは技術革新価格が起る。

（2）技術のイノベーション

今、市場創造型の農業が求められている。それは技術力と経営力によって論じられている。技術革新とはコスト高になった資源をどう節約するか、不足する生産資源をどう節約するのかが技術イノベーションの始まりである。例えば、

●労働力を節約するための技術革新。

●石油が上がったら石油を使わない技術の開発体系に移行すること。
●栽培技術で耕法を変えることで畝幅を狭くして除草を無くす、肥料を節約するとか、イリゲーションのあり方の研究で今日の世界トップの米国農法が確立されたのである。
●育種方法とは肥料効果のいい品種をつくっていくこと、あるいは品質を改良していくことである。

＊イリゲーション（灌漑）の問題：洪水イリゲーション効率40％～60％、畝間イリゲーションン40％～60％、スプリンクラーイリゲーション65％～75％、ドリップイリゲーション85％～95％である。日本の洪水イリゲーションが一番効率は悪い。稲作を不利にしているのである。

（3）原価のイノベーション

イノベーションの例として、10ａ当たりのコストが減ったということは土地と労働の結びつきが変わったと言うことでありその背後には機械の導入があったということと。技術革新の変化に対して機械化ができた、労働力の価格体系が変ったということである。また省力化のために資本の投入がなされたということである。

今、日本の農薬消費量、石油の消費量、化学肥料の消費量は世界1である。技術革新の4つの要素の1つは技術の進歩そのものである。アメリカで技術革新が起きたのは1950年代~60年代である。農産物価格がどんどん下がっていき、方向としては技術革新でコストダウンを図っていく必要があった。

今日の日本ではTTP・EPA・日米FTAが本格化しているので技術革新が起こらなければならない。でないと日本の輸出農業は消滅する。連続して技術革新していかなければ追い付かない。

以上は市場、技術、原価、についてのべたが国際競争とはなにかというと輸出産業になる発想である。原料が国際商品(どこでも同じ価格)なら技術力と経営力で決まる。経営力とは輸出市場を含むマーケティング能力の開発である。

今日、農業において技術開発が激しく地域社会に従来の考え方を保持し続けることはナマ殺しに等しい。地域農業に競争力を付けるということは具体的には技術開発のことで、栽培工程に関する技術開発、品種改良の技術、生産工程の調整政策をいうのであって、従来の日本の減反政策や価格政策を言うのではない。そして50年前まで日本は農業以外の自動車、機械、繊維産業は全て独自の技術とか経営力によって世界一安い製品づくりをして国内外に提供してきたように、今農業がその時である。

21年1月、日英ＥＰＡがスタートした。ＴＰＰ・ＥＰＡ・日米貿易協定等の時代になって日本の農業は自力で世界と戦っていかねばならない。日本の農業は減反政策と価格制度という農業鎖国制度と過保護の農業補助金によってしっかり守られてきたが今その政策が崩壊しようとしているのである。

ＴＰＰ・ＥＰＡ・日米貿易協定によって急速に農産物輸入が増えているが合わせてコロナ感染問題の影響で県産の野菜類・果物類の需要が急速に増えるとみる。不可避的に与件条件の強力な推進が始まる。加えて２０３０年日本の農産物の関税ゼロ化が早まる見通しである（ウルグアイラウンド協定）。

＊参考として

データ1：耕地面積（一農家当たりヘクタール）は生産性に大きな影響を与える。日本2・9ha、イギリス90ha、フランス61ha、アメリカ180ha、オーストラリア4200ha、イスラエル（農業者集団のモッシャ、キブツと呼ぶ）100haとなっている。日本以外は殆ど借地農業で拡大したものである。親から引き継いだ農業の土地では競争力ある農業は生まれない。

データ2：米づくりについても米国・豪州が日本より上！

ジャポニカ米10a当たり日本480kgに対し豪州は1500kgだ。もし技術革新がなければ米国中西部の農業は数年前に消滅していた（カーター政権の報告書「21世紀の地球」）と言われる。

「沖縄農業から先進国農業」へ、と何度も述べるが今後沖縄が国際農業化を実現するために不可欠な視点である。中心になるのは4つの技術改善（種苗開発技術、栽培工程管理の技術、機械化技術開発、灌漑技術）とマーケットインを狙いとする経営力

があれば沖縄農業が国際産業に成れる。例えば、それには肉牛を中心とする中小畜産業が早い、次いで果実類のタンカン、カーブチー、サンタフェ、果菜類（トマト、イチジク、メロン、茄子）、などである。

3　沖縄に独自の農業を確立するために

沖縄で農業に手を付けるには水がなければ農業が出来ないと思っていた。土壌についても亜熱帯土壌で本土土壌とは大きく違う。

まず露地を思い浮かべよう。露地の土壌とは再度述べると土のことではない。地上から25cm～30cm下が土壌でそれ以下は固い土である。資料によれば土壌は25％が空気、25％が水、12・5％が肥料の3大要素の窒素N、リンP、カリKであとは無機鉱物の構成だ。だから亜熱帯性の土壌は豪雨が降ればぬかるみ、或いは台風が吹けば流出する、あるいは太陽光が強ければ窒素N、リンP、カリKが分解し消滅する。それを土壌そのものの流亡ともいう。農家がいう3年～4年も放置すれば土壌養分はなくなり「粘土化」して作物は出来ない。再度ユンボーを入れて耕さねば使えない。
これを日本では「土をつくる」という。だから沖縄では3年～4年に1度の大型台風に襲われると土壌はなくなり粘土になりまた最初からユンボーを入れて「天地返しと称して」(ボトムプラウ法)と称し土壌づくりをしなければならない。それが本土土壌との違いからくる問題である。本土の土壌はTVで見るように手かきでも耕せる土壌だ。色は黒か茶黒色で栄養分(窒素、リン、カリ)が豊富で、水も灌漑できるほどの豊かである。沖縄の土壌は雨が降ればぬかるみ、晴れれば固く土化して、鍬を打てば跳ね返る、全く肥沃性がなく農業不向きの土壌だ。だから常に本土の2重作業になる。本当はユンボー入れずに、天地返しではなくスキを入れて空気を入れ替える、水を入れ替える方式にすれば燃料費が5分の1の原価で済む(これをチゼル法という、米国の例)。

亜熱帯土壌では地中海やイスラエルが最も沖縄の土壌に近い。イスラエルは耕地面積の60%は沙漠(実際は石の山に溝を削って石粉を土壌化している)ので農作物は100%出来ない(日本の常識では)土地柄で沖縄と比べたら沖縄はまるで天国だ。竹下正哲の著書では土の栄養分が完全に保持しておくだけでの力がなく、いくら良質の肥料を与えても暑さのため窒素、リン、カリは直ぐに分解され雨と共に流出してしまう。従って土づくりが出来ない。注目するのはそのイスラエルが世界的な農業国になっていてリンゴ、ナシなど日本に輸出していることだ。

前にも触れたが日本式の灌漑効果は40%〜50%しか植物には吸収されず半分は、あるいは95%の水は無駄に流出していると言う。イスラエルの農場では100mもあるアーム式のスプリンクラーによる放水では35%〜50%は植物に吸収されるが後は流出する。もっともイスラエルは街に行くと緑が見えたら必ず近くにロクロを巻いたみたいな給水措置が張り巡らされている（日本の道路のマンホールみたいに）。それはドリップ（点滴）方式の給水装置の効率（85%〜95%）だという。パションフルーツやリンゴ、ナシの木には地下25㎝の根っこに共通に張りめぐらされている径5㎝のビニルパイプで広さ5万坪に及ぶドリップ給水農業法式が張り巡らされている。

イスラエルのリンゴは日本産ほど大きくはないが甘く美味しい経験をした。ホテルの各フロアーの各階のエレベーター前には自由に食べてよいように揃えている。日本の灌漑設備率からみて冠水灌漑よりもスプリンクラーかドリップ潅水が妥当だったのではないか。沖縄では本土のような農業用冠水装置は不要だったのではないか。

稲作が耕作できないところは、つまり冠水灌漑が出来ないところは雨水で間に合う小麦、大豆、トウモロコシなど穀物をつくればいい。事実学者の研究では雨の多いところでは小麦は育ち難いという。

4　今後の農業発展の条件

これからの農業は国際競争力を持たねばならない。周回遅れの産業として市場はすでに自由化している。TPP・EPA、日米貿易協定などによって2025年ごろには日本の農産物はほぼ自由化される。もはや減反政策や価格調整など政府の補助政策ではない。既存の農業もマーケティングなど輸出競争力と経営力を持たねば生き残れない。マーケット主導の農業が求められるのである。

日本の農業は減反施策に見られるように過去50年も競争できる技術開発（新商品開

発と生産工程）が遅れ特に先進国農業に比べて遅れているのは前述のプロセスイノベーション（生産工程）問題だろう。

＊沖縄農業は日本農業を真似てはならない。土壌のもつ酸・アルカリ性、養分、窒素・リン・カリの成分、などは植物の成長に大きな影響をもち、また土壌の流亡など徹底的に違うため。土壌が赤や黄色、白・灰色というのは有機物が消えて酸化鉄、酸化アルミニウムが残ったものだ。

5　沖縄県の21世紀ビジョンの問題

新しく2022年度から始まる振興計画については、5つの「島」を掲げ追求していくことになっているが地球のどこかにモデルがあるわけではなく発展は展望できないのではないか。なぜなら島嶼経済は言い換えれば農水産業の産業経済が本質だからだ。その根底には農水産業経済は都市化を前提に成り立つ産業だからである。つまり県経済発展の方向が都市化に求められる。

1人当たりGNPが20年以上に亘って変わらないのに入域観光客数の驚異的な増大を誇る。これは「ものづくり」を忘れた経済政策が展開していることに注目せざるをえない。「ものづくり」を忘れた観光経済は発展した例はない。考え方が「島」から抜け出せないことが県経済が進展しない理由である。

通底するのは経済の進行方向が高齢化社会と人口増大社会が同時に起こっている。観光客の数の増大に意を注ぐことが経済発展の方向と言えるか怪しい。単純に「観光客数」の増大が県経済の発展だと誤解しているのではないか。

方向が都市化にあるにも関わらず供給すべき農産物の産量は年々落ち込んでいる。健康な農業、健康な野菜を提供することが島から発する観光の本質のはず。それにも気づいてない。観光客増大に対する答えが準備されているとは言えない。県民1人当たりの所得があまり増えない。「ものづくり」を忘れた観光は産業にはならないことは数々の世界的な観光地経済を見れば明らかだ。農水産物をベースとする物産産業も明らかに衰退している。沖縄は製造業産業が少なく、他の地域よりも所得獲得手段が限られている。観光だけでも付加価値の高い経済にならなければ本当の豊かさは訪れない。そうでなければ「ものづくり」をベースにしないとザル経済に墜落してしまう。

6　必要不可欠の土壌問題

前にも触れたが亜熱帯地域の土壌は暑さに化学反応が早く、豪雨が降ると有機物（落ち葉やミミズの糞）があっという間に分解され雨と共に流される。後に残るのは酸化鉄、酸化アルミニウムだけで赤土だけ残る。前述したが基本的には粘土である。雨が降ればぬかるみ、日照りが続くと、カラカラに乾いてひび割れする。水を掛ければ粘度は弾いてしまう。土の奥まで浸み込んでいかない。乾燥地帯であるため「塩」の問題もある。気軽に水をやると最初のうちはいいが数年もするとすぐ水がたまりが始める。そのまま灌漑を始めると塩がおおいつくし雪が積もったように真っ白になってしまう。最早栽培と言う意味は終わっている。糸満市喜屋武地域のように。

米国の西部劇にみるように土は白く灰色である。典型的な亜熱帯土壌だ。そこには植物は育たない。従って農業は出来ない。人も住んでない。しかし、米国は1950年代から改良し栽培を機械化し、コメを育つようにした。今では日本を追い越した。沖縄は山原か離島の一部ごく限られた部分を除けばコメは出来ない。米国やオーストラリアのような砂漠地で日本に勝る農業ができるのに沖縄でそれが出来ない訳はない。

第1に沖縄の土壌は亜熱帯に属する。本土の土壌とは大きく異なる。筆者の日常的観察により沖縄は非常に明確な分類が出来る土壌である。そのためそこに栽培される植物や草木は大きく分類できる。まず、面積的には全体の55・1%を占める北部の強酸性の赤色土壌で国頭マージと呼ばれる。パイン、イモ類・根菜類、柑橘類（シークヮーサー、カーブチー、タンカンとか）が多く、分布として名護・恩納村を通り読谷を横切り、久米島を通り、石垣島に連なる。しかも多年生植物が多く栽培される土壌だ。しかし本部と今帰仁は赤土ではなく島尻マージでここは例外で、一番豊かな土壌だ。

第2の土壌は中南部、特に読谷村以南の赤土の多い島尻マージ及びジャーガル土壌で弱アルカリ性の土壌（野菜や葉野菜類、果菜類に適した）が偏在するのとは全く異なる。特にジャーガル土壌は北部の国頭マージの2倍の生産性があるといわれ。粉末にすれば空気中に舞い、容易に浮くため昔はシャンプー代わりに使っていた。また肺に付着するため肺病の原因とも言われてきた。pH的にはアルカリ性で肥料はあまり要しない土壌だ。面積的には8・2％を占め養分は豊かである。生産性もサトウキビでジャーガル1に対し国頭マージはその2分の1、色は灰色。第3に出て来る島尻マージはその中間に位置するため北部の国頭マージとジャーガルは明確に区分される。色は茶褐色でジャーガルを客土することが行政的に進められている。

この島尻マージの土壌（全体面積の8・4％、pH7・9）は本島南部国道303号線以南の喜屋武地域を中心に豊かな土壌があり、宮古島に賦存する地下茎の植物が多くニンジン、ベニイモ、ダイコンなど根菜類と意外な植物が育っている。同じ南部の島尻マージでも具志頭と糸満喜屋武とは異なる島尻マージは本島南部から南の宮古島に連なるため宮古島にはさとうきびがよく量産されている。このように土壌を経済研究するのを土壌学と呼んでいる。温度差でも表現できる。マージとジャーガルとは3℃の差がある。そのジャーガルと島尻マージの間は葉野菜類の栽培に向いており、特に両土壌の境目には豊かな植物が育つ。解りやすいのは栗国島によく見かける土壌であり特に肥料は要らない。

宮古島には最近は全キビ産量の39％を占める豊かな土壌で中性的土壌である。沖縄では2月～3月は野菜類が多彩に出荷され、その時期には宜野座村、金武、うるま市、中城あたりに南部の野菜が売れるという不思議さがある。ベニ芋でも古宇利島、読谷、具志頭、宮古島の4カ所で生産される。

沖縄に優位のある植物は何か。価格的にフルーツであるが経済の基礎である一次産業を如何に成長産業化するかである。答えは単価の高いフルーツ栽培だ。沖縄作物は次々本土にとられマンゴーはいつの間にか宮崎県にとられた。いまではマンゴーだけでなくゴーヤー、タンカン、も他県に取られている。そこで沖縄でしかできないアルカリ性土壌（島尻マージ＋ジャーガル）に産するトマト、メロン、などのフルーツである。

7　産業革命は肥料革命から起った

無機質の肥料とは窒素N、リンP、カリKが主で、それが出て来た背景を考察していくと、冷やす農業をメインとしなければならない沖縄農業の範囲は広い。農業は人間の食糧づくりからスタートした。まず肥料づくり（その発展経過）から手を付け、メインは土壌、肥料、水、作物。最近は台風・天気、さらには歴史、輸出貿易、物理・化学、農政は広い。いろんな書物を手にするがいずれも本人の専門分野に限定したもので全体が解らない。あるいは統計的な資料を寄せ集めたもので本人の論理性は弱い。

（1）窒素肥料発達の歴史

(a)　肥料の開発は農芸化学の創業者リービッヒの「最小の理」と言うもので窒素の

元素が不足すると他の元素がいくらあっても植物は育成しないという法則である。

また植物は動物と異なり空気中の炭酸ガス及び水及び土に含まれる少量の無機塩類で育ち、基本的に有機物を必要とせず無機質だけで生きていける（リービッヒ）という学説が発表された。

当時ヨーロッパの硝石限界説（食糧生産の限界）が学会で発表された。クルックスは19世紀になると増大する人口を養うためには無機による農業生産を増大しなければならないと演説。それがヨーロッパに限られた鉱物資源（メインは硝石）の開発に繋がったのである。

当時、食料をさらに増産するためには、既存農地で収量を高める必要があり、リービッヒの研究で明らかになったリン酸肥料に加え、更には窒素肥料を投入することでしか解決しなかった。

19世紀中ごろ二つの解決手法がラテンアメリカからもたらされる。一つはグアノの発見である。チッソN、リンP、カリウムKを豊富に含有する海鳥の糞からなるグアノが発見される。それは最大で14％の窒素を含むリン酸と硝酸アンモニウムの混合物で、発見と同時にヨーロッパに送りはじめたのである。グアノはペルーの北海岸には紀元前から先住民モチーカ族が「ファヌと呼ぶ海鳥の糞」を定期的に採掘してジャガイモやトウモロコシを栽培していた肥料である。13世紀にはインカ帝国を築いたケチュア族もファヌを活用しインカ帝国の領域ごとにファヌを割り当て全農民にくまなく肥料が渡るようにした。これがインカの繁栄を支え1000万人もの人口を養えた理由である。このファヌに重要な肥料成分、窒素とリン酸が多く含まれていることが解明され、1840年ごろからヨーロッパに輸出されはじめ、1850年頃から「グアノラッシュ」が起こり、毎年1000万トン以上のグアノが採取され1875年に枯渇するまで続けられたのである。

(b) 次に地理学者フンボルトがグアノに代わって登場させたのがチリ・ペルー・ボリビアに跨る15%の窒素を含むチリ硝石（硝酸ナトリウム）である。それは15%の窒素、リン酸12%、カリ3%を含むリン酸と硝酸アンモニウムの混合物である（まだ毒である、アミノ酸になってない）。フンボルトは1799年～1804年赤道アメリカを調査、1802年ペルーの海岸で穀物が豊かに実ったのを発見、そこで1000年以上も眠っていたチリのマチュピチュ住民やボリビア、ペルーなどの原住民が肥料として農業に使用していた肥料であった。グアノに代わって登場したのがチリ・ペルー・ボリビアに跨る15％の窒素を含むチリ硝石（硝酸ナトリムウム）の発見であった。

(c)　1879年~1883年の硝石戦争がボリビア&ペルーとチリの間で起こるがそれはドイツとイギリスの代理戦争であった。チリが勝利してその背後にいたイギリスがチリの鉱山を運営することになった。

これがハーバー・ボッシュの空中から窒素を取り出す開発に拍車をかける結果になる。第一次世界大戦、イギリスはドイツを海上封鎖することでドイツ降伏をさせようとする。しかしドイツは屈服せず1914年~1918年ハーバー・ボッシュによって大気中に含まれる窒素からアンニアを合成することに成功したのである。

海上封鎖されたドイツは独自の窒素開発にのりだす。空中から無機の窒素を固める技術が開発されるのである。ハーバー・ボッシュの登場である。化学者ハーバー・ボッシュは空中から窒素を1000℃&500圧力で固めアンモニアをつくり酸化させ硝酸カリウムを開発することで肥料用窒素及び手りゅう弾用の窒素を開発したのである。それは第1次世界大戦へと繋がっていく。

近代農業のはじまり

空中から無機の窒素を造りだし、中空のリンやカリウムを取り出し無機質肥料を作りだしたのが1950年代、その後量産化が可能となり、戦後のＤＤＴ類、有機リン系の、今日のネオニコチ系の化学肥料造りにつながり世界の人口増をカバーできるようにしたのである。これで少数の農業人口でも十分に国民に食糧が供給できるようになり今日の過剰農産物が実現されたのである。

これは高温高圧下で空気中の窒素と水を電気分解してつくった水素からアンモニアを合成する技術である。エネルギーさえあればいくらでも窒素は造り出せる方法であった。空中窒素を固定化することでアンモニアをつくり、それを酸化させて硝酸としそれから硝石を製造したのである。

その結果1900年小麦収量はイギリス・ドイツ・オランダ・デンマークは2トン／haに対しイタリア及び米国は0・8トン／haでしかならなかった。しかしオランダは1960年4・3トン、20年後には7・3トンに増える。この当たりの論述は高橋英一著「肥料になった鉱物の物語」に詳しい。

(2) マルサスの人口論からの卒業

(a) 江戸時代は100人の食料をつくるのに85人が農村に住んでなければならなかったし、1人の農民は2~3人の武家公民の食料しか作れなかった。1965年後半から窒素肥料が普及し食糧増産に経済成長と共に農業は成長していったのである。

(b) 1900年代ドイツで空中窒素を固定化してアンモニアをつくり、それを酸化させて硝酸としそれから硝石を製造したのである。日本に化学肥料が農業に投入されたのは1950年代後半から、特に沖縄では復帰以降農業生産を高めるため導入された。

---

*我々は毎日の食事から肥料の3要素を1日当たりリン1・2g~2・7g、窒素8g~22g、カリウム1・4g~3・7g摂取している。

*1800年当初世界の人口は9億人だったが1900年には16億人に増えた。特に急増したのは1950年代後半には25億人が2000年には63億人、2011年には

70億人になった。そして2022年11月には80億人になったと伝えている。2050年には91億人になるという。1950年頃には人口を養うためには穀物類が1・5トン／haから21世紀には8トン／haに変った。この50年間に穀物類は5・3倍に増えた。しかし人口は2・5倍にしか増えなかった。第二次世界大戦以降、先進国は植民地政策で海外に進出して食糧を増やす必要がなくなったのである。

＊人口に占める農家の比率もイギリス1・9人、米国1・9人、ドイツ2・2人、フランス2・9人、日本3・4人。少ない人口で国民を養う方策である。

(C) 今でいえば世界の水準として一人の農民が20～30人の食料をつくることが出来る。そのためにはIT化農業をしなければならないだろうし、コンパクトシティづくりも必要となろう。

1950年半ばまで日本は国内農業の増産と価格安定策をとってきた、前章でのべたが、実態は農産品の高価格化と消費者向け高価格化で売る（ひどいのは政府が農産物を買い取り消費者に高く売る政策＝食管法）政策であった。占領当局の強い勧告に従い耕作者の意欲を持たせるため１９４７年〜１９５０年、１小作農民に１haの面積の土地を当てがい土地所有者として１９３万haを割り当てた（全農民の80％に相当）増産を目論む政策（本間正義著「農業問題」）。これが今日の国際化農業政策の大きな足かせとなっているのである。

(d) 日本は１９６０年農業を主とする基幹農業従事者は１２００万人で生産量は５１００万トンだったが２００５年には２００万人で５６００万トンと新農業体制に移った。１９５０年代になぜ反収が増加したか。それは二つの世界大戦が終わり科学技術（灌漑用ポンプ、自動耕耘機、品種改良、農薬、化学肥料）が農業に利用されるようになったからである。その中で最も反収増加に貢献したのは肥料、とりわけ窒素肥料である。

(3) 沖縄に於ける肥料づくりと発展

１９５０年代に注目すると筆者の子供時代に見てきた農業現場を視点にみると分かり易い。農業とは食料づくりとその摂取、食料の提供と流通、その元になっているのが人口と栽培、育成のための有機肥料づくりである。しかも１９５０年代までマルサス（１８９７年）の人口論通りで歩んできた農業である。つまりどの国も農業生産とは如何に人口を養うかが政府や国民上げての歴史的課題であった。農業生産は算術級数的（足し算引き算）でしか伸びないが人口は幾何級数的に伸びるため生産は人口増に追い付かないというマルサスの方程式に支配されていた。

その根本となる農業は有機農業で厩肥《きゅうひ》・堆肥で育てる農業で田圃にかずらなどを入れ足で踏む込む作業か、あるいは敷きワラを家畜の糞尿を踏み込ませたものでいずれも如何に窒素Ｎを取り出すか、あるいは窒素を補給させるか、または野や山の草を集めて敷き込み腐らせて土壌中の窒素固定菌を増やすか、後にはこの窒素Ｎは空気中の無機窒素を有機窒素に変えるなど、これまでは全て有機物の肥料づくりで育てざるを得なかった（後述の微生物肥料参照）。

しかも子どものころには肥料づくりのため糞尿を利用した装置は肥料に窒素を補っていたからだ。厩肥とは農地に窒素不足を補っていた風景で時には魚類の腐ったものから窒素を補充していた。

以上のように日本・沖縄の肥料は発達してきたが、しかしヨーロッパを覗いてみると違う。産業革命のころ、経済は衣類原料（植物繊維、羊毛、皮革）、燃料（薪、木炭）、明かり（動物油）、輸送用（風力、水力、畜力、人力）これら全て有機物から得ていたのである。ところがこれらがほとんど無機質を原料とする経済に代わるのである。つまり相互に有機質中心から無機質による植物生産＝食糧生産が加わり可能になり肥料の幅が広がった。それらは1820年シアン酸アンモニア（無機）から尿素（有機）を肥料に使い食糧生産を上げる方式である。農業は土地による「有機物を原料とする経済」から「無機質の鉱物を原料とする経済」に変っていったのである。

言わば、産業革命とは肥料革命でもあった。とくに1800年代で人口増を養うためにこれまでの有機物では間に合わない。人口増に合わせて土地の生産性を高めねばならない。そのためには耕地面積を拡大するか、肥料効率を高めるかであった。ヨーロパでは肥料として窒素を取るため硝石が使われ始めたのである。

1802年になると地理学者フオン・ボルトによってペルーのチンチャ島でグアノと呼ばれる「鳥類の糞で農業をしていた」事実が発見されグアノブームが起こったのである。当時ヨーロッパでは硝石がなければヨーロッパ農業生産は出来なくなると言われていた。前述のように大量の硝石がチリからヨーロッパへ運ばれていったのである。四種類の肥料のうちグアノとチリ硝石は南米から世界に広がった。カリ鉱石とリン鉱石はヨーロッパではじまり後になって北米で鉱床が発見されアメリカの農業を発展させるのである。硝石ラッシュである。

お蔭で日本でも１９５０年以降後半になって鉱物の無機質の肥料が輸入、開発され大量の農産物が生産されるようになりマルサスの人口論は卒業に向うのである。

（4）微生物肥料

キューバの有機栽培政策から学ぶべきは農薬問題もあるが土壌菌類の存在と肥料（N．P．K．）の問題である。ここで重要な点は豆類はコメ類の2倍以上の窒素N、リンP、カリウムKを必要とする。

例えば《コメ：N2・39、P0・87、K1・98―　マメ：N5・79、P2・19、K6・47》

キューバが誇る微生物肥料の3本柱とは、空気中の窒素を固定するアゾトバクターやアセトバクターと不溶性リン酸を作物が吸収できるように支援するＶＡ菌根菌、アーバスキュラー菌根菌は豆科作物へ接種するリゾビュウム菌（根粒菌）である。これらは無機質の肥料吸収支援である。特に植物は体内で無機から有機に変えるのを助ける（空中からとった硝酸とアンモニアを有機アミノ酸に変える）。

＊菌根菌と根粒菌の違いは、

① 菌根菌は数千の核をもつ絶対共生菌である。細胞内に樹枝体をつくる。Ｍｙｃファクターともいう。

② 根粒菌は核を持たない条件的共生菌である。チッソを供与し細胞内にバクテロイドを有するＮｏｄファクターという。

これらの微生物肥料は育成促進作用が強く1ha当たり20リッターを散布すると収量が25％増大する。

• アゾドバクターは土壌中に自然に生息しておりチッソを固定化するだけでなくビタミンやホルモンアミノ酸など多量に供給し落花を防ぐ効果がある。育苗段階で7〜12日、移植後の圃場では20日早まる。

・ＶＡ根菌根は作物のリンの吸収を助ける。作物から栄養分をもらう代わりに菌糸を出すことで作物の水分や栄養分の吸収を助ける菌である。そのため土壌中のアルミニウムや酸化鉄がリンと強く結合している場合、通常作物は吸収できない。そこでＶＡ菌根菌はこのリンが吸収できるように働くのである。今では野菜、果樹、タバコ、サトウキビなどに活用されている。

こうした菌類は複合的に使うと効果は倍加する。キャッサバはチッソの固定化に加えて光合性量を増やす。化学肥料だけでは1ha当たり33トンしか取れないがアゾドバクターを併用すると半分の化学肥料で35トンの収量が上がる。さつまイモは25トンから31トン（25％増）に、トウモロコシ、コメ、野菜でも30％～40％収量が増加する（高橋英一著「肥料になった鉱物の物語」より）。

地力が著しく低下した土壌の改善にはゼオライトが活用されている。ゼオライトにはカルシウム、マグネシウム、カリウム、リンを豊富に含み土に混ぜると肥持ちをよくする。例えば1ha当たり6トンのゼオライトを併用してさつまイモの収量を17トンから20トンへ、ニンニクは1・9トンから3・4トンへ、トマトは8・6トンから21

トンに増大する。

畑で同じ作物ばかり植えていると同じミネラルが吸収されて土壌中の養分バランスを崩れ連作障害を発生させる。そこで年ごとに違う作物を植え付けることを輪作という。同じ畑に様々な作物を混ぜて植えることを混作という。熱帯地方において混作は持続可能な農業のカギである。豆科植物とともに植えれば根粒菌の作用で空気中のチッソを固定して土壌中のチッソ分を増やして地力を高める（無機質から有機質に代わる）。19世紀の奴隷制の時代にはサトウキビ農場には豆類、トマト、ピーナツ、バナナ、果樹を混作する農法であった。混作や輪作は昔の日本でも広く見られた光景である。この件では吉田太郎著の「有機農業が国を変えた」が参考になる。

（5）微生物農薬

微生物農薬は端的にいうと人工的に害虫をカビに感染させる技術である。

例えばバチルス菌、ボーベリア菌、バーテイシリウス菌、トリコデルマ菌など。

・バチルス菌は日本では70年代から培養されタバコの害虫防除用に、トリコデルマ菌は生物農薬として登録されている。
・バーテイシリウス菌は①果菜類、里イモ、豆類などに寄生するコナジラミ、アブラムシ、②柑橘類に寄生して害を与えるカイガラムシ、いずれもこのバーテイシリウス菌は土壌中に産出し人工的に増やすと胞子がコナジラミ、アブラムシ、カイガラムシに取り付き虫の体表で発芽し7日～10日以内で体内で感染して最終的には全身を真っ白なカビで覆い死に至らしめる。キュウリ栽培で経験したが対策として、どうしてつくるのかバチルス菌はタバコから抽出したニコチン、麦からつくるトリコデル菌、白いコメ粉からつくるボーベリア菌。つくり方は以下のように同じ。

＊具体的には例えばボーベリア菌は、まず米のモミ殻を沸騰器にいれ雑菌を殺す。その上でモミ殻に少量の胞子を接種してビンの中に入れ、菌が全体に繁殖するのを待つ。菌が廻ったら水を加えて混ぜ合わせてそれを濾すと菌だけが入った容器ができる。これをサトウキビやバナナなどに散布すると胞子が殺虫剤として機能する。
＊モミ殻、バナナや柑橘類の絞り汁、さとうキビの廃棄物、を使って菌を増やせるから安く出来る。化学農薬と比べて60分の1の経費で済む。

(6) 天敵・益虫による防除法

アリモドキゾウムシ対策はまず、バナナの茎を切断して砂糖や蜂蜜を塗りつけてアリの群落がくる場所に置く。アリはエサで引き寄せられ群落をバナナの茎に移す。移動を確認したらサツマイモ畑へ運び込み、茎を太陽に晒す。アリは太陽熱を避けるために土の中に巣をつくり、アリモドキゾウムシの幼虫を食べはじめる。

8 沖縄農業の耕地面積と県外出荷

沖縄県の耕地面積のうちの田圃、樹園、牧草地を除く普通畑のうちサトウキビ畑の割合を示す。

	耕地面積ha	サトウキビ畑	サトウキビ畑の割合
15~16年	３万５３００	１万３２１２	37・４%
16~17年	３万６７００	１万２９３７	35・２%
17~18年	３万１０００	１万３８０９	44・５%
18~19年	３万２２００	１万３１４５	43・５%
19~20年	２万８３００	１万２９０１	45・５%

＊別途に野菜畑面積ha　２９１４　２８９６　２万９０９

結論として耕地面積の37%~45%はサトウキビ畑に使用、８%~９%が野菜向けた使用されている。しかしサトウキビは約80%が国の補助であるため経済計算は出来ない。結論として砂糖キビ以外の野菜類や果樹+花卉類などでの県外出荷で勝負しなければならない。しかしその野菜類の県外出荷は１９９０年に75億円あったものが今日２０１９年では27億円に低落している。しかもサヤインゲン、カボチャ、ゴーヤー、及びオクラの４品目で全野菜の県外出荷額の68%を占める。他に県外出荷に花卉類がありそれは89億円（２０１８年）である。また果樹類と言ってもマンゴー（面積２６５

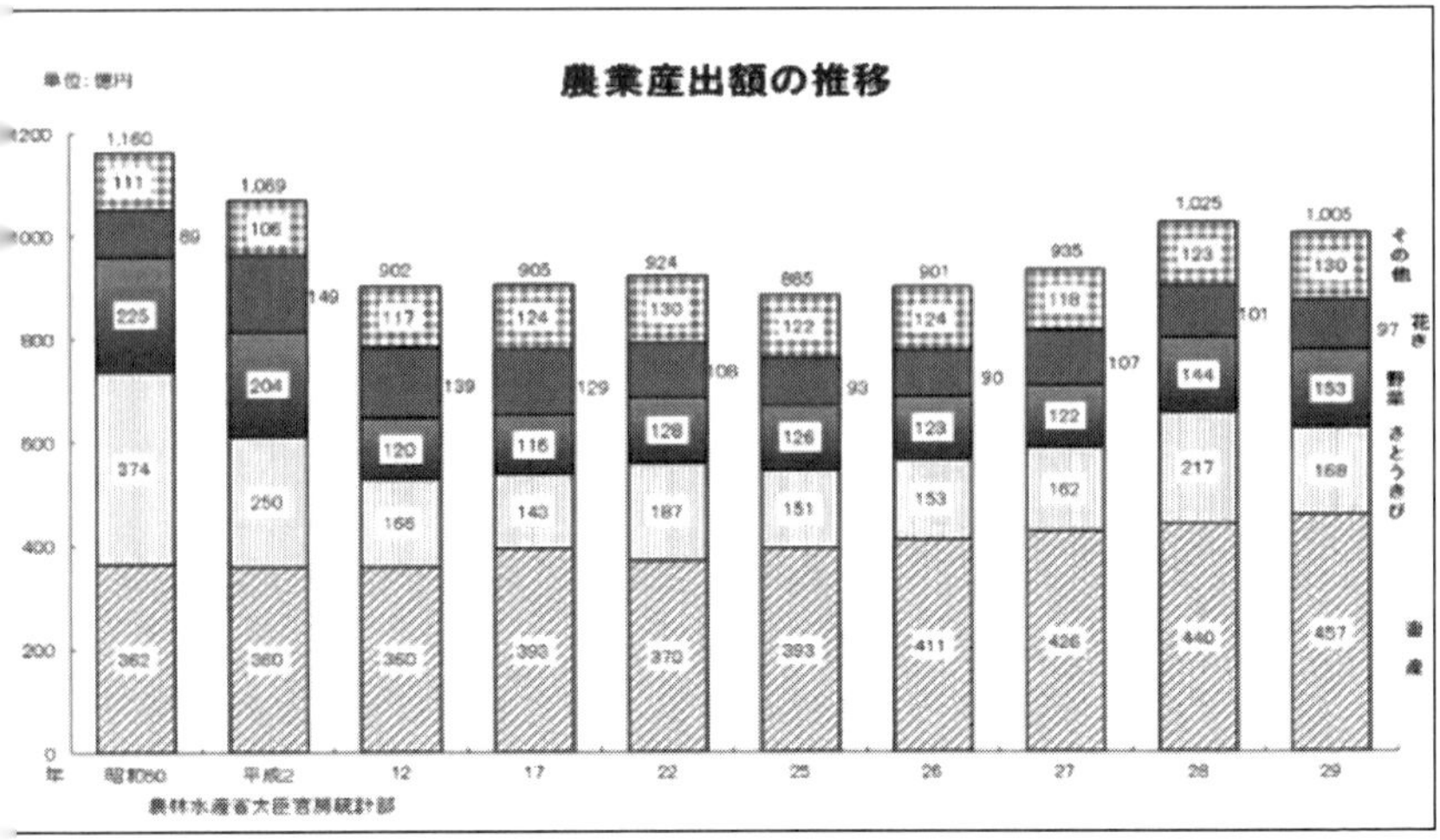

平成29年の畜産産出額は457億円で、前年に比べ17億円増加した。
内訳では肉用牛が最も多く全体の49・９％を占め、次いで豚が28・７％、鶏は12・９％、乳用牛は８・１％
「沖縄経済ハンドブック」より

ha＋１７９３ｔ）、シークヮーサー（３６２ha＋３２８９ｔ）であるが必ずしも県外出荷ではない。

本県の農業産出額は、平成29年は１００５億円で、そのうち畜産は農業全体の約45・５％を占めており、引き続き農業の基幹的部門となっている。

第３章

沖縄に新たな観光の創造を

1 観光と地域産業の結びつき

観光産業は一部地域にかたより、地域単位で見ないかぎり問題は見えてこない。特に米欧からの観光客は総体として衝動買いはしない。玄関から出る時点からどこで何を、どの店から買うか決めてから来る。地域から国際化商品を開発していけばインバウンド商品は造れる（沖縄でいえば空手着、紅型、芭蕉布、ヌンチャクなどのブランド商品）。それを地域インバウンド商品と称し買う人はその人の哲学がひそんでいて普段から念頭にもつ商品概念に合う物しか買わない。一般に観光産業とはホテル、観光バス、レンタカー、旅行業、観賞施設業の5分野である。平均的な粗利率は売り上げの10％～15％、多くて20％程度と言われる。物づくりの半分程度だ。

観光とは国レベルの概念であり、地域観光地という概念にならなければ地域の食する文化は根付いてこない。地域で観光の産業化を考えた場合、観光産業ではなく観光地産業と地域文化史、産業史、村の成り立ちを捉えない限り観光は産業に繋がってこない。そして観光地産業と捉えると見えてくるものがある。

（1）観光は「文化の遊び」

観光とは広い意味の「文化の遊び」であり、経済学的には消費である。それは時間の消費であり、モノの消費であり、カネの消費であり、価値の消費であるからだ。消費とはサービスであり、サービスとは生産と消費が同時に成立する経済行為である。観光は農業の遊びの部分と結びつく場合と、農業の生産部分と結びつく場合がある。前者はレジャーであり、後者は産業になっていく。いずれも付加価値の点では共通している。

例えば観光が農業に結びつくと**「農」**と**「業」**はEUのデカップリング制によって分離することが可能になってくる。農とは「アグリカルチャー」という文化であり、そこでは生産性や合理性はなく、ひろく文化を味わう消費行為の領域である。「業」は事業であり、ビジネスであり、生産性を追求する産業領域である。従って遊びと結びついた多面的機能の農業がレジャー農業といわれるものである。遊びの部分にもサービス業としての消費が発生する。遊びの部分は総合的遊びであるためGNPは高くなる。従って業のない、経営のない日本の農業はビジネスを忘れているといえる。例えば今のサトウキビ農業には遊び（ゆいまーるという）の文化が消滅した。農業は政府による生産しかない。遊びも業も政府に奪われている。また農業の遊びの部分と都会の遊びの部分を結び合わせれば産業になる。

農業のレジャー化を考えた場合、都会の人間が1週間の遊びの農業で、あるいは帯在型農業で地方に行くとしよう。第4章で説明するが「農」と「業」が分離する。「農」が介在して従来の農家の主人は勉強会の先生になり3日間の座学と2日間の実習に充てて生産に向けて働く、畑の主人は正しくは指導とマネジメントの責任を担う。さらに、収穫のための畑の管理、収穫後の残渣処理、成長と栽培の管理及び次にくる客に引き渡すまで責任を負う。従って遊びの農業地域と生産が結びつき地域活性化に繋がる。これがアグリカルチャーと言われるものである。都市市民によっては造られる野菜などをファーマーズショップ形式にしていけば地域に結びつく産業になる。食品産業に結びつく観光という「遊び」（消費）をその地域に結びつけるには観光客をひと固まりの消費集団と見なせる。その消費集団をその地域に結びつけるには生産という場所・地域が必要である。言わば農水産業商品は自由化に直接結びつき、遊びの部分を有する産業は加工という産業部分に結びつく。各結びつきが地域産業を振興する。従って遊びは容易にトバクに結びつき金銭感覚を麻痺させる問題がある。典型的な例はカジノだ。

言わば、観光に結びつく農業とは食の農水産業で、地域物産と、あるいは地域の季節性では海と山とか、自然・環境とか、地域の祭りやイベントとか、全体として地域産業や文化を生むことになる。単なる地域では産業にならないので観光から観光地へ、もっとアイデア・センス・工夫・文化に結びつき、新商品を生み出すものであるかも知れない。また地域と言う街もレジャーが付加される産業そのものになるかも知れない。エイサーなど典型的な例だ。

観光はレジャーであり文化の遊びであるといった。その意味は過去の多くの事例では外貨を稼ぐという途上国の産業政策であった。観光をテコに地域経済が発展しだすと独自の工業や製造業が生れ農家から都市に人口が移動し、経済成長に繋がっていく。今ではアジア各国では観光は経済成長の手段ではなく豊かな生活をエンジョイする産業になっている。しかし、島経済の本質は変わらない。やはり外貨獲得の手段には変わりはないが役目がものづくりに変ったのである。しかし、一般には観光はその国でも基幹産業ではなく付随的補完機能に止まる。

安倍総理は「観光と農業の相乗効果で地域をにぎわしたい」と言ってきた、次の菅総理も同じく引き継いでいる。そのためには個別補償制度を検討するとして中山間地などへの直接支払いを強化するとしている。しかしまだEUの共通農業政策（CAP）の直接支払による所得補償のような内容ではない。

(2) 沖縄観光の産業化

今の沖縄観光は産業になってない。産業と言うからにはそれによって地域の住民が所得を得て生活を維持し、農業でも、商業でも国民や市民が生活して持続していかねばならない。明確に言えることは、第一の手段は地域住民の所得増につながる機能がなくてはならない。

観光客増大とプラス（＋）人口増大イコール（＝）は地域住民の所得増大につなが

らねばならない。沖縄がモデルにしてきたハワイの観光客の増大は必ずしもハワイ州民所得に結びつかなかった。地元マスコミは今のハワイ州民は厳しい生活を強いられていると伝えている。理由はカネの落ちない仕組みになっていて「もの」の加工による産業になっていないからである。だから付加価値が生れない。生産―加工―製造、流通―飲食等不完全な構造になっていて、生産という「ものづくり」がなく、産業の構造の点でも生活物価は高く、家賃を始め生活用品が高すぎるため付加価値は生み出せないのである。

観光客がどんなに増加しようが住民生活は良くならない。だからハワイの観光客収入と州民所得の「格差」が世界一と言われる所以である。根本問題は産業構造にあり単純に観光客増を狙っても必ずしも住民所得に連動しないと言うことである。産業構造が住民所得に連動するような仕組みになっていないのである。

30年前までハワイと沖縄は互いに人口120万人でスタートした。その時年間800万人が訪れる観光産業を目指してスタートした。しかしハワイの外資などホテル等施設の収入は地元住民への還元は少なかった。沖縄の場合も観光客導入を経済生活のモデルにしてきたが人口増と県民所得がいずれも連動しているとはいえない。

＊沖縄の場合も、人口の増加と所得の増加は必ずしも連動してなく、経済は成長するも両地域は似て非なるものになっている。何百万人の観光客も意味をなさない。産業としての観光になるかあるいは他産業に連動して持続した所得が安定して確保されているかが注目される。全体としての産業構造が経済成長に連動し他産業に繋がりをもたせていかねばならないのに出来てない。

(3) 所得増に繋がる産業構造

別の言い方をすれば1人当たりの所得が増大しないのでは、経済構造を変えて行かねばならないということだろう。なぜなら単純な産業構造では前述したようにどんなに観光客が増えようが住民所得が増えない。理由の一つは得られる産業所得の各差である。観光は大体10％～15％の範囲でしか住民所得に繋がらないと言われる。ものづくりなら40％の付加価値が期待できるので住民所得に連動する。ものづくりは観光の3～4倍の付加価値があるからで当然格差が生ずる。観光客が遊び人だからと言ってサービスの提供だけでは豊かになれない。国から見ればGNPが増大するかも知れないが地域からみれば必ずしも個人所得と連動しないものだ。

観光を所得源の手段と考えた場合、四方を海に囲まれた沖縄の観光事業にシーフードレストランが見当たらない、海上観覧船をベースとするビジネスも欠落しているのも珍しい。行政に産業構造を変えて行く観光ビジネスのイノベーションが欠落しているのである。また都市と農業の間の郊外に芸術家、工芸家、音楽家が集まる仕組みになっていないからである。観光客を誘発するようにあるいは物産産業を生み出せるように構造変化して行かねばならない。

すでに述べたが各国の島嶼経済は人口増と所得は平行して伸びていく、地域からみれば次の点が重要となってくる。

農業が発達するためには背後地に都市が発達してなければならない。理由は物産という他の文化産業を生み出せるからである。県内のどの産業と結びついていくのか。農業の遊びの部分が増大すれば農業と観光はレジャー農業に、そして「農」と「業」が分離するとレジャーが加速される（後述）。伝統産業との繋がり（絣、紬、焼き物）や、漁業との関係（トコブシ、アワビ）など多様に成立する。

2　沖縄に新たな観光の誕生を

（1）一歩先の観光と農業

観光の本質はレジャーである。高付加価値化のためにはもう一歩先の観光を論じなければならない。農業ももう一歩深くみていく必要がある。つまり次の視点から島嶼の文化、産業、経済、所得、福祉、市民生活などとの関わり、及びハワイ・バリ島をモデルにみていく必要がある。

沖縄は観光・都市に変われるだろうか。今歩んでいるのは県民所得と無関係な観光である。紙上では何百万人単位で増え続けていると伝えるがその経済効果は県民所得と直結してない。このかた20年以上も一人当たりの県民所得と無関係に推移してきた。よく事例に出すが秦の始皇帝の発明は「皇帝制度と都市と漢字（儒教）」であるといわれる。文明の発祥地でみる原理は「政治や経済の国づくりは全て人々が集まる仕掛けとして都市づくりから始まる」というのである。

中国が「工業を発展させる、商業を発展させる、人民を統治する、経済を発展させる、或いは金融街を形成させる」と言う場合、必ず何よりもまず人が集まる仕掛けを創り交易を促す。これが**中国の発展の方程式**である。

これはシンガポールでも香港でも、深圳でも見られた風景である。ところが沖縄は言うまでもなく島々から構成されるためか人間の考えまで「島」を規程しあるいは経済まで規程している。どの方向に進めるべきか、その方向性を探るのもいい。そのモデルを探すために条件の良く似た島嶼の経済構造が期待できるハワイ、バリ島、シンガポール、香港などのデータから提案しよう。

島の経済は換言すれば農水産業、つまり農業である。農業は背後地に必ず都市という経済消費地があって成立するものだ。従って島経済を発展させるためには島概念から脱出し都市化していかなければならない。あるいは島の背後地を都市化していかねばならない。

それは人口を増やし、一人当たりの所得が上昇するようにしていかねばならない。

そのメカニズムを明らかにしていく必要がある。観光客100万人の増加は島の消費人口の10％増加をもたらす（京都の例）。同時に1人当たり所得増加をもたらす効果をもつ。これはここで取り上げられる島々に共通に見られる光景である。しかし沖縄はなぜかそのようにはならない。

（2）農水産業がベースの観光

島は孤立しているが故にTPP等の自由貿易体制は不可欠である。島経済が成立する大きな要因は自由貿易制である。観光客が落とすカネは島のGNPに直結するように仕組まなければならない。島住民の生活の変化である。経済とTPP等連携協定（以下TPP等）との関係、それは人・物・金・情報の国境を越えた完全開放型経済への移行である。

規制緩和を通して人口増も重なり島から都市化社会への構造変化で一気に交易都市に転換するチャンスである。そして交易都市＋観光都市＋農水産業（工業型農業）都市＝という関係が成立する。経済構造を確立しなければ島嶼経済は長続きしない。T

PP等を都市化要素として「観光と農業」を捉えると当然県民も影響を受けながらも食生活の洋風化、嗜好もダイエット商品化が進み、多種類の食品が輸入されてくる。食の安全面でも追及は必要で自給率の低下も防げる。これにはTPP等の参加が決定的な意味をもつ。農業人口の減少に伴い農業の多面易機能の開発で「TPP+国際化」の対応にレジャー農業が生れると予想するからである。

図表（142参照）にあるように人口増と1人当たりの所得増には相関関係があり1人当たり所得は人口増に比例する。シンガポール、香港、バリ島、台湾（ここではハワイを除く）。しかし、なぜか沖縄はそうはならない。何か問題がある。ハワイは今頃農産物等「物づくり」に気が付いたのかファーマーズ農園程度で復活している。レジャー農業の先端を行く地域や国の諸島は農水産業をベースに観光が成り立ち「農」と「業」は分離する。観光は付加価値が低いので地元の「ものづくり」に連動しなければ産業にはならない。市民と観光客は共生できる都市づくり、物づくりが必要だ。そして都市は文化事業にも経済力が必要である。

3　観光も農業も産業である

沖縄は農業と共に観光も産業である。しかし、これまで歩んできたのは県民所得と無関係な観光であった。紙上では何百万人単位で増え続けるがその経済効果は不思議にも県民所得と無関係で反映されてない。何故か、沖縄は言うまでもなく島々から構成されるため人間の考えまで「島」を規定し沖縄経済が観光都市までに発展してないかあるいは規定されているからである。どの方向に進めるべきか、ある意味では産業振興の起爆剤になる、しかしながら島がもつ宿命的欠点を避けながらも島の「成立と成長」は観光と強く関連するという認識が不足しているからである。その方向性を探るのもいい。筆者はそのモデルを探すために頻繁にハワイ、バリ島、シンガポール、香港、台湾などを訪れ、農業についてはイスラエル、オランダ及びキューバを訪れ、そのデータを基に観光・農業と関連して発展するものとして経済視察を重ねてきた。

前にも触れたようにどこの島嶼でも「経済とは」換言すれば農水産業、つまり農業である。農業は背後地に必ず都市という消費地を必要とすると述べた。都市には医療、交通、福祉サービスが連動する。従って島経済を発展させるためには島と言う概念から脱し農業の都市化を図らねばならないあるいはバリ島のリゾート観光都市のように背後地を都市化して構成していかねばならない。島をどう都市化するか、というのは人口を増やし、一人当たりの所得が上昇するようにしていくにはどうすればいいか。基本的には経済構造を変えていかねばならない。そのメカニズムを明らかにしていく必要がある。バリ島なら観光都市に人口の40%が居住し島の奥の農業には人口の60%の農民が従事する構造になっている。農業は棚田方式である。同時にそろっているのは完璧な医療体制である。都市以上のものがもとめられる。喜びのある医療観光は健全であることが最低条件だ。

従って島嶼である沖縄は本土をモデルすればいいものでもない。農業条件の異なる日本では、特に沖縄では相当程度の独自の農業育成と政策をもつ必要がある。

4　レジャー農業の開発

（1）農業生産と農業体験の結びつき

農業文化から発生していると思われるのは育苗開発、植え付け、栽培管理、収穫、加工、田畑など場所を観光客に提供し、農作業と田園の楽しさを体験させる。帯在型市民農民プラス、地域の踊りや祭り、料理づくりに参加体験してもらう手段として考えれば産業化が形成される。

農村の朝模様、古い建物、古跡、農業博物館と各種の文化財展示場、農業博物、染め織物なども農業観光、レジャー、歌・レクリエーションの項目に入れる。牛に乗る、焼き芋、特殊な民族的催しへの参加など学習システムを用意して座学＋農学を実習してもらう。都市文明と地域文化の交流である。

（2）農水産業経営の展開

レジャー農業の提案で環境、田園、農業の生態と文化資源を活用して都市と農村の交流を増やす。都市に住む市民に農耕、観光、レジャー、旅行と体験アクティビティに参加させると同時に、農家の経営方式と農村生活の体験を認識させる。如何に経営者を育てるか。田畑の農業者に経営、マーケティング、販売の学習が必要になってくる。

つまり、農業のレジャー側面に目を向け、農業をレジャーの対象にすることで経営計画をする。農産物の生産及び販売によっていかに収益を上げるかを経営者として学び、都市市民のレジャーの対象として、レジャーの対価を得る産業として大きく農業の質を転換させることである。このことで産業的にペイしない島嶼部や中山間地の農業の振興と活性化に繋げていくことが大きな意味をもってくる。もちろんデカップリング制の所得補償は続くとして。そうなると農業をレジャーと関連してレジャー農業を位置づけることができる。

5　観光業の高付加価値化

ではどうすれば高付加価値観光にもって行けるか。構造改革方向は、観光という低付加価値産業からより高付加価値産業への転換が必要になってくる。

(1) 高付加価値産業への転換

国や地域は低付加価値産業から高付加価値産業へ転換していかない限り発展はない。また国や行政あるいは経済界リーダーの最大の役割はその地域に如何に付加価値を造りだせるかである。どの産業がもっと相応しいか、あるいはどの産業が生き残れるか。時代とともにそれに応えていかねばならない。

今日、沖縄県について観光は基幹産業いわれるが本当にそうだろうか。観光は低付加価値産業だが、どうしたら高付加価値産業を創造できるのか、産業の構造変化に合わせて考えていかねばならない問題である。

課題は観光という低付加価値産業から如何に高付加価値産業化（例えば農水産業などをベースとする産業）へ転換していくかだが、しかし、観光というのは実体経済論としては時代的産業特性（発展途上国的段階の）を持ち、外国の事例をみても一般産業への波及効果はあまりない。観光をメインとする地域や国が発展したところは一時的な現象である。本県はいま、このコロナ不況をチャンスに構造改革をやる気持ちで次の産業に移行しなければならないときだと思う。

（2）観光客を選ぶ権利

例えば爆買いという現象があったがそれは何だったのか検討する必要がある。ある中国人観光客が言っていたが爆買いしても損はしない、帰ったらドロボー市場に品を届けるだけ（委託購買だから）。観光の産業としての問題点は、その性格から経済発展段階の一段階の現象であり、一人あたりの国民所得が2000ドル～5000ドル時代に最もふさわしい産業の段階だからだ。それは経済成長のテイクオフ時に産業構造に重大な役割をもち、次の高付加価値産業を誘導する役割をもつ。60年代後半から80年代以前の台湾、香港、韓国、シンガポールが好例である。逆に観光産業からうまく構造改革して次の産業に進めなかったハワイ・グアム経済は低付加価値の産業構造を続けている。住民は生活苦から抜け出せない。理由は土産品や食料品などの原料、あるいは生活用品などもほとんど自らは生産しないため観光客がどんなにカネを落としてもすぐ外へ流出する構造的脆弱さをもっているか、あるいは付加価値が蓄積されない構造になっているかである。観光をテコにして外貨を獲得し次の産業を生み出せるかが注目されるのである。

＊1万ドルのワナと言葉がある。このレベルを超えると国民は働くことよりも旅行や観光へ出かけるようになる。例えば筆者が勤めていた会社の某西独工場では外国人の出稼ぎ労働者が充満し、工場内のスローガンや標識や掲示が西独語ではなくイタリー語、パキスタン語に塗り替わり、本国の言葉が聞こえなくなったことがある。本国人は旅行や海外に走り、働かないで所得を得られることばかり考えるようになる。工場から出て来た製品の品質水準は低くく国際競争力を失い代わって日本マネジメントと製品が輸入されるようになった。中国は2018年ごろ1万ドルを超えている。

（3）観光のGNP論

各観光地や貿易地における人口と所得を比較してしさらに所得格差を見ていくと、低GNPの人間が高GNPの観光地には行かない。もし、沖縄県が観光に成功したければ本土水準の以下のGNPに甘んじなければならないという矛盾が出てくる。もし、沖縄GNPが本土水準を超えたならば本土の観光客は来なくなり、その本土水準を超えるようになった産業の視察や訪問は増えるだろうが、今のようには来ないだろう。観光客の質の転換がはじまる。まず産業構造面からみてモノづくりで発展してきた歴史からみて所得が本土を凌賀することはムリなので、やはり低所得県に甘んじなければならないだろう。まだ東京と沖縄では所得格差が2倍もある。所得の多寡は観光産業を考える場合無視できない。例えば中国から本格的に観光客がくるようになるには一人当たりの所得が一万ドルを越えたころだから、観光の産業論はもっと先の話である。沖縄からだって東京ディズニーランドへのリピーターはそう多くはなっていかない。

（4）観光の経済効果

他方、沖縄経済の実態はわりかし外的資金の投入による経済である。例えば公共投資や観光収入による資金流入の経済は外部の要因に容易に左右されていくことは県民承知の通りだが、その実態はマクロ経済的に見ても行政政策と企業実態には相当の格差が認められる。本質を貫いた企業連関性が弱い。例えば、観光客が１０００万人来るとしよう。投下する費用は一人当たり80千円として8千億円のカネが県内に落ちたとする。経済メカニズム論から政府や県はこれだけの経済効果があったと発表する。しかし、現実の実感とはちがう。なぜなら、ある研究機関が発表しているように、観光で言えば実質38・6％しか県内に落ちず、農家レベルになると更に27％くらいである。経営者は県外、土産品は県外から流入する実態から見れば、マクロ経済的見方は完全に見誤った結果になってしまう。流出する分が急速、かつ大量であるため、流入したカネが全て県経済に寄与し波及するということにはなってない。その機能が脆弱なため県内他経済に波及しているとは認めにくいからである。

つまり、経済論的にというと実質何％が県民のＧＮＰに効果を果たしたのか、単純に我々の目の前を素通りするばかりで、どれだけが本当に流入し、回転し、付加価値をつくり出せたか把握されていない。流入した観光客百万人×１０２千円（仮に一人当たり消費）とした場合、流入した資金はあまり県経済に波及していないのに、あたかも全部が沖縄に流入したような計算では虚構経済にしかならない。公共投資は県の集計では3年で回収される。実態はリゾートホテル・都市型ホテルの財務内容をみれば納得がいく。

経済構造が脆弱であるため資金内容も低回転しかなされてなく、政府や県の華々しい発表とは裏腹に現実は厳しい。付加価値が低いのだ。前述の計算でいくと、いずれも凡そ流入した投資も観光も40％以下でしか作動してなく、あとの60％以上のものが即県外に流出し、実際は県内には落ちてない。流入する前に抜かれているというシステムなっているのである。

机上のビジョンはあるがシステム論、例えば、どの手段で、どの技術使って、どのように県外と連携させ、どのようにカネを落とさせ、どのように沖縄メニューを消化させるか、というマーケティング上の研究が足りない。結論的には観光産業には経営戦略論、システム論、それを管理する組織管理論が欠落しているとみている。

(5) ハワイ観光の経済的限界

90年代米国は高景気と言われていた。クリントン大統領時代、観光オンリーのハワイは違った。若者や企業家が米国本土に流れ、農業やなじみのABCストア等観光関連産業は衰退していった。より付加価値のある産業は人も資金も西海岸のカリフォルニア辺りに移転し、観光で得られる低賃金労働者は、特に若者がハワイから西海岸米本土に移住したのである。結果は低賃金しか生み出せない観光産業さえ衰退、観光みやげ品店や外食産業でせめても、日本人相手のビジネスしか残らなかった。やはり、観光は産業の谷間に一輪の花のように生まれながら脆弱産業だったことを証明したのである。

もし、観光に替われる産業が立ち上がっておれば、観光産業は健全に生き残ったのかもしれないが、それ自身目的とする産業としての限界を見せつけたのである。ほとんどのスーパーが潰れ、生まれたのがパワーセンター（ケース単位の卸売り）やキャッシュ＆デリバリーといった卸値で、買って自ら持ち帰るというビジネスに替わった。同時にアウトレットのショッピングセンターも生まれた。しかし、そこには地元から生産されたものはほとんどなく、当時、私が見たのはかつてのキビ畑やパイン畑は消え、米国人のトマト農場1社と若干のフィリピン人によるニンジン生産がなされているだけで、生きた野菜類がなく本国から流れて来ているのが現実であった。つまり、地元にカネがほとんど落ちない経済のメカニズムができあがっていたのである。

（6）生活者の視点でみるハワイ観光

1）観光の実像

産業と言うからにはそれによって県民が生活していなければならないし、県民が所得を得て生活が持続してなければならない。ただ観光客がたくさん来ればあたかも産業が成立して県経済が豊かになって生活が維持され、少なくとも生活を支えていると考えてはならない。本当は農業も、商業も、あるいは他分野の生活者達も生活を維持してなければならない。国にとっては税収が入り、多くは地域活性化に繋がっているとみて地域振興に役に立っていると理解するが地域によっては各差があって等しく潤っているとは言えない。沖縄観光はまだそこまではいってない。所得格差や地域格差が必ず生まれてくる。

観光客増大は＋人口増大＝（イコール）所得格差に連動していると、単純に理解してしまう。新聞をみれば毎日何百人の観光客が連日伝えられるが沖縄観光客の増加は県民所得増加に繋がっていないことは数字を見るまでもなく衆知の事実だ。それが地域格差を生み出している。それは決して偏見でなく事実である。

最大限注目すべきは沖縄と対比できるハワイ、バリ島、シンガポール島、香港島やお隣の台湾である（島嶼でない大陸や日本など各地は比較論にならないので外した）。ハワイを除いてどの島々も人口の増大に平行して一人当たりの所得は伸びている。如何なる産業も観光も未来永劫成長し続けることはない。経済学的には人口増は必ず所得の増加を伴う。ここで論を待つまでもなく（142頁）の図表を見るだけで十分であろう。単に産業としてみても客数増加を狙うと大体十数年の出来事で終わり持続性は弱い。

2）ハワイ観光の低迷

ハワイ観光の低迷の原因は一体何だろうか。20年～30年前までの上述の理論はどこで狂ったか。筆者の結論では産業構造の問題と見る。つまり付加価値論である。一々統計論を持ち出すまでもなく付加価値は精々15％前後であろうと推測する。一方の商業、工業など物造りの付加価値は40％近くもある。明らかに観光は不利である。地元に落ちるカネが何倍も違うのである。しかも多くの場合は観光業界の企業がほとんど外資か大手の企業である場合、所得とは無関係である。得た利益を従業者に支払うべきものとは理解してない。賭博にしても、賭け事にしても従業員が稼いだカネとは理解してない。だからＴＡＸへイブン（税金回避地域）に流れ、あるいはマネーロンダリングに繋がっていく。沖縄観光は県民所得に連動してないのは経済構造の問題である。

ハワイの場合、観光客がどんなに増えても住民生活はよくならない。1人当たりの所得は明らかにし得ない。1所帯に複数同居しておりそれが一般的で、複数所帯では

654ドルの所得だとと伝えている。複数所帯の4人が共稼ぎがベースでは比べにくい。ネットで調べてみても家賃が高い、生活費が高い、の連発である。いまでは野菜も果物も全てが本国からの移輸入である。店に並ぶ野菜類は長距離輸送のため全く新鮮さを失って、日本ではとても振り向きもしない劣化商品になっている。構造的に農業などものづくりが弱く観光客がどんなに増えようが生活はよくならない。観光業がつくりだす付加価値とものづくり産業の造り出す付加価値との間に大きな開きがあるからである。

3) 失速した産業構造

単純に観光客狙いとして観光客増加が地域住民の所得に連動するような産業構造が構築できず機能してない。失速した構造に落ち込んでいるのだ。元々ハワイは物づくり経済がベースであった。必要な野菜、果物、根菜類の自給率が高く日常の葉野菜、レタス、ホウレン草、果樹ではパイナップル、マンゴー、ナッツ類、など充分に栽培されていた。野菜市場は県出身の与那原出身の照屋さん、チョコレートは糸満出身の新垣さんが造ってきた市場であり、果実加工場も併用しており、県出身者が流通を握っていた。「政府が言うには若者をカリフォルニアへ、中小企業は大陸へと投資していくよ」と話をしていた（州議員県出身の2世）。

（7）企業経営から観光を見る

1）低付加価値論

観光は低付加価値の産業であるため常に低賃金しか享受できない。また経済が発展し、経費が増加する中で高い給料は出せない。いくつかのデータからでもわかるように観光は物づくりの75％ぐらいしか付加価値は生み出せない。先般、老舗のみやげ品店が倒産した。理由は経費や人件費は毎年増大するが、付加価値はそんなには伸びない、伸ばしきれないということであった。

今日のコロナ禍では「観光客数」が維持できなくなってしまったのである。観光客だってほとんど携帯電話を持っており、情報を交換しながらショップに入ってくるので、異常な「観光プライス」は嫌われるのみである。観光産業がそんなにうまい商売ではないことは多くの事例が示している。

2） 非生産部門

換言すれば、観光は生産ではなく消費でありサービス業である。企業から見れば経費扱いである。かつ、これが実行される時間帯はアフターファイブの性格のものである。例えば都市生活者であっても生産に投入する、次の生産に耐えうるための保養的性格のもので、それが動き出すのは非日常的なもので負の部分である。人間の負の部分、産業構造的な負の部分で、これらを如何に集めてもそれだけではその地域の産業として永続した正の部分にはなれない。つまり、消費的性格が強いために経費節減の対象にされやすく、企業からみれば常に他動的なものでコントロール困難な市場となっている。

3） 外部の変動に左右され易い

バブル崩壊（1993年）、同時多発テロ（2001年）、リーマンショック（2008年）、東日本大震災（2011年）直後の観光や2020年の今日のコロナ禍の観光業を見ても、世界経済や世界の軍事・政治・経済等変動の環境の影響をうけやすい。沖縄から見ると観光客は常に外から来る。常に非日常的に他の地域から入ってくる。それでも観光客を動かすにはシステム・誘客という機能が作動しなければならない。しかも企業にとっては不景気になれば真っ先にカットされるムダな部分に変身する性格のものである。メカニズム的には常に外部に蛇口があって、いつでも閉められる運命にある。常に外部に左右され、自らはどうにもならない他依存的、自らの努力ではどうにもならない性格のものである。

(8) 発展のための課題

1) 幹部の人材育成

観光が産業としての持続的発展を願うなら低賃金労働の経営を脱しなければならない。働く人々は20歳前後から25歳くらいまで、しかも一番高失業率の労働人口の豊富な、安くて使える若者層の人々を中心に組み立てられている。結局は大体において20代後半から辞めていく。それ以上いたら賃金は払えなくなる。経営者(店主)の取り分も少なくなってしまう。そうなると幹部の教育はとてもムリ、せめて店員のマナー教育程度しかできない。あるいは清掃従業員（中高年女性）がパート派遣として観光施設に従事するもので、とても幹部を教育して成長するビジネスにはならない。繁盛から成長、さらに大規模化というスケールメリットの経営への段階は踏み込めない。つまり、繁盛店→成長店→大規模店（ビッグ・ビジネス）にはなっていかない構図である。

2）発展するパターン

それには観光分野の企業が時間をかけて資本を蓄積し資産を増大させ、技術者の育成という発展のためのパターンを形づくっていく以外にない。高賃金と幹部育成ができないと高レベルのシステムが動かないため産業になっていかない。そうしないと観光客数は半分でも、落ちるカネは2倍という構想が描けない。今日の悪循環経営に沖縄の実情は嵌《はま》ってしまっているのではないか。

3）文化・宗教、生命力のある観光へ

観光は設備投資型ビジネスであるため常に高価格旅行になりがちで、また昔流に言

えば遊びという「ふまじめ産業」であるため、人間がそこに何回も訪れるという要素にはなり得ない。つまり、非道徳的な行為ととらえてしまうという意識がつよく、人間としてはそんなには続けられない。なぜ宮崎のシーガイヤや長崎のハウステンボスは潰れたか。たとえ砂漠の真ん中に観光施設を作っても同じ。逆になぜ奈良の法隆寺や鎌倉の大仏、あるいはカンボジアのアンコールワットには何百年経っても人が集まるのか、しかもカネを落としていくか、よく考えてみよう。そこには人間を引きつける文化や魂があるからではないか。その施設に生命が宿っているからではないか。人間が一体になり得ない何かが欠落しているからではないか。

人間が集中する場所には必ずお寺があり教会がある。儒教・客家族の教室棟があり華僑的集団によると東南アジア巡礼などがある。

(9) 観光業発展への対策

1) 県経済への波及の少なさ

経済は、波及していく工程で見ていかなければ成長発展への道は開けない。経済のスケールをマクロ的に考察していくと、観光産業は実態経済論としては常に技術とシステムが欠落し、内容の乏しい理論しか組み立てられない。他方、沖縄経済の実態は大方外的資金の投入による経済である。例えば公共投資や観光投入による資金流入の経済は外部の要因に容易に左右されるのは承知の通りで、マクロ経済的に見るとその行政政策と企業実態には相当の格差が認められるのである。

つまり、経済論的にというと実質何％が県民のGNPに効果を果たしたのか、単純に我々の目の前を素通りするばかりで、どれだけが本当に流入し、回転し、付加価値をつくり出せたか把握されていない。流入した観光客百万人×102千円と公共投資として流入した資金はあまり県経済に波及していないのに、あたかも全部が沖縄に流入したような計算で虚構経済を追求してきた。実態はリゾートホテル・都市型ホテルの財務内容みれば納得がいくはず。資金内容も低回転しかなされてなく、政府や県の華々しい発表とは裏腹に現実は厳しい。前述の計算でいくと、いずれもおよそ40％以下でしか作動してなく、あとの60％以上のものが即流出し、実際は県には落ちてない。流入する前に抜かれているというシステムが今日に至っているのである。

2）定住化構想が生む付加価値

ローマを見る限り、観光経済は成長するのだという世界観に位置づけられない。日々に転変してやまない観光よりも、定住圏構想に基づく年金生活者の人口増を考えた方が経済規模の拡大につながり、消費市場が拡大するという「地域付加価値論」がある。その中でより安定した外部に左右されない市場が形成できるとするのである。観光という低付加価値では住民の低所得層の人間が生活を維持できるほどの所得は得られない

だから、ヨーロッパにおけるエクスカージョン、コンドミニアム形式よりも定住圏構想を考えるべきという。そうすれば観光に替わる産業が生み出せるのではないか。石垣市の小浜島の外来居留人口が25％、ネイティブの石垣市民が30％を割るようになっているのは、相当に観光から定住化へ市場が形成されていると見なければならない。この定住圏市場は当然に自分たちがやれる農水産業及びそのものづくり産業を発生させるように付加価値の生み出せる産業を生み、観光を引っ張ってもらえる。

観光は自ら他産業を誘発することの一番難しい産業なのだ。自ら生み出せるものなら本土市場に展開していけばいい。

このような意味で石垣は観光人口の相当数が他から移り住んでいる人々で形成され観光に替わる新たな市場が形成されつつある。一時の来客者よりも定住してしまう来客者を考えるべきである。

その年金生活者の生き方を提供するものとして農水産業の開発を考え、これを市場に流すシステムをつくれば相当の産業が生まれ、かつ、永続する。生活費は補償されており、生きがいの部分づくりに行政も協力すれば十分である。

今日では観光客が消費するものは直ぐ外から入って来て、地元の本来の産業が駆逐されてしまう。そのような商品の流れは例えば沖縄に住んでいる人々、住んでいかねばならない人々には全く意味のないことである。

今の沖縄に来る人々は観光でなく、一時生活者なんだと理解し、沖縄に住んでいただき、生活してもらい、沖縄の食を慣習化させ、それで本土へ帰って後からも供給してあげれば、しかも継続していけば、すばらしい産業になる。貢献もできる。

3) 観光客の定住化

雇用中心の経済対策がなされるとすると、雇用対策としての観光か、今まで雇用対策は公共投資だったがこれからは変わっていくのか。

如何に飛行機に乗らない観光客を増やすか。そのためには所得はなくとも十分に生活を可能とする人々を定住化させ、所得を欲しくても得られない、生活も十分なしえない人々を「ものづくり」産業に振り向けていくかである。彼らにＩＴを教えて活用できる農水産業をやれば相乗効果を発揮し観光自身も伸びていく。

4) 観光は補完産業

観光産業は補完的なサブ的な性格の産業である、本格的視点でみたらどうか？すでに述べてきたように他産業との関連はどうなっているか。観光は単独では産業になっていかない。特に沖縄の場合、海外との交易的な産業と内発型産業が生成してこない限り本格的な付加価値の望める産業になっていかない。観光はよりもっと付加価値の生み出せるように「産業のサブ的な存在」としてしか県民からも支持される産業にはなっていかない。また県経済全体が成長し、豊かになっていかないものである。

手段論として、観光そのものを伸ばそうと思ったら関連他産業を育てていかねばならない。つまり、共生しながら伸びていかなければ、観光客が来なくなった時の対応ができない。来なくなったら追いかけて行って「県産品拡販の戦略」を活用すればいい。他関連する産業との関係でしか付加価値は伸びていかない性格のものなのである。どの地域や国の観光も脇役的複合産業であり、別途高付加価値産業が育って初めて成長産業になれるもので独自の付加価値増殖作用は乏しい。つまり、産業は常に複合的であるが何が時代変化に対応できるリーディング産業になれるのかによって観光のあり方は異なってくる。

5) 産業としての農業と観光業

政府はこれまで農業を産業というより農村社会とみなして政策を立てビジネスとは考えてこなかった。産業とは効率性・機能性を追求し、常に競争する中で、その存続を手探りしていくことだが、政府は農業に対し農村あるいは集落維持などの多面的機能の社会構造、政治問題として対応して来た。景観とか故郷とか環境として競争経済・市場経済の枠外において多面的機能として対応して来た。だから企業努力するとか技術開発するとか市場や消費者の立場で農業対策を立てるとかはなく、社会的弱者として保護すべきものとして長年その仕組みをつくって来た。

今日では他産業と同じようにいろんな形で弊害や利害とか利権等が生まれ、どうにもならない淵に立たされているのである。農業だから、付加価値の増大を求めての生産性、高品質性を追求し、生き残る作物は何か、所得を上げるためにどのように経営していくか、ほとんどあきらかではない。4万人の農家に対し、4万人の行政職員がいるといわれる介護制度的な産業論的感覚で推進されて来たのではないか。例えば野菜が100円なら、それに見合うコストはどうあるべきかの発想が乏しい。

産業とは思想であり科学である。その応用としてビジネスとしての農業を進めようと言うもので、これまでのように社会補償的に保護される存在。政治的にも保護される存在として、農村風景の維持とか、国土を守っているんだという国土防衛的な存在として対応していくべきではないはずだ。これは第1章で述べたようにデカップリングの生活補償的農業として他に考えるべきだ。だから農業困難な地域農業に偏重した観光農業の方をもっと重視すべきだ。

以上のように、一時訪来のお客ではなく定住する顧客にウエイトを置きながら観光から視点を放して基幹産業と新たな可能性が注目される付加価値の高い農業産業を振興すべきである。一例として、沖縄の物産の中で、本土展開中の商品の中には薬草など加工・製造が70％以上の付加価値が見込めるのもあり、これには競争力があり、波及効果が最大になるように効率的に捕えていけばいいのではないか。

6) 観光市場の非日常化

さて、地域産品を買う人々はまず観光客が重大な役割をなす。かと言って、土産品としてならあまり大きなマーケットは期待できない。観光客に売るのは物ではなく、生活を売らねばならない。物というものは非常に限られた範囲でしか生活を表現しない。観光客が本当に欲しがっているものは何だろうか。「観光そのものが非日常性を求める」もので、新しい発見と体験を求める。土産品を求めているとは思わない。もはやものはそんなに珍しくなくなっている。物より精神であって、生きざまであり、魂であり、感性という理念であるということ。学びたい、触れたい、味わいたい、経験したい、つまり、時間を消費する臨時的な別なタイムトンネルを通過する作業（作動）が観光の本質だろうと思う。だから、生活を通してしか実行されていかない。逆に我々の生活文化を如何に観光客の実生活につなげていくか、それをどのように手伝うのかが、観光客に自宅に帰ってから後に如何に沖縄の農産物や物産の思いを再現してもらうか、生活革命を起こさせるかが産業と捉えた観光の意義だろうと思う。観光客はわれわれが本土展開するときの素晴らしき、「伝道師かセールスマン」である。

本土市場は個性化、多様化を求め、それを受け入れ、他と違ったものを求める人間集団になっているので、どうしてもローカルが売れていく環境になってきている。本土の多様化、個性化はナショナルブランド等すでに他が所有し使用するという文明的なものではなく、自己表現の文化を求めているのである。つまり、消費生活の革命を起こしたのは文化なのである。彼（彼女）らは文化を求め、生活を豊かにしよう創造していこうというニーズが成立し、われわれはそれを伝え、移植することによって、産業を造るというメカニズムが生まれる。この二つの流れが淀みなく続けられ、同時化しているところに今日の沖縄ブランド化の意味がある。テレビなどを通して何の違和感もなく、安心して取り込まれるところに究極の産業化のヒントがある。それを如何に日常的に提供できる仕組みをつくり上げるかが次なる重要な作業なのである。だから、単に数の世界ではない。地域は文化創造の工場である。両文化融合の時代に入っているのである。

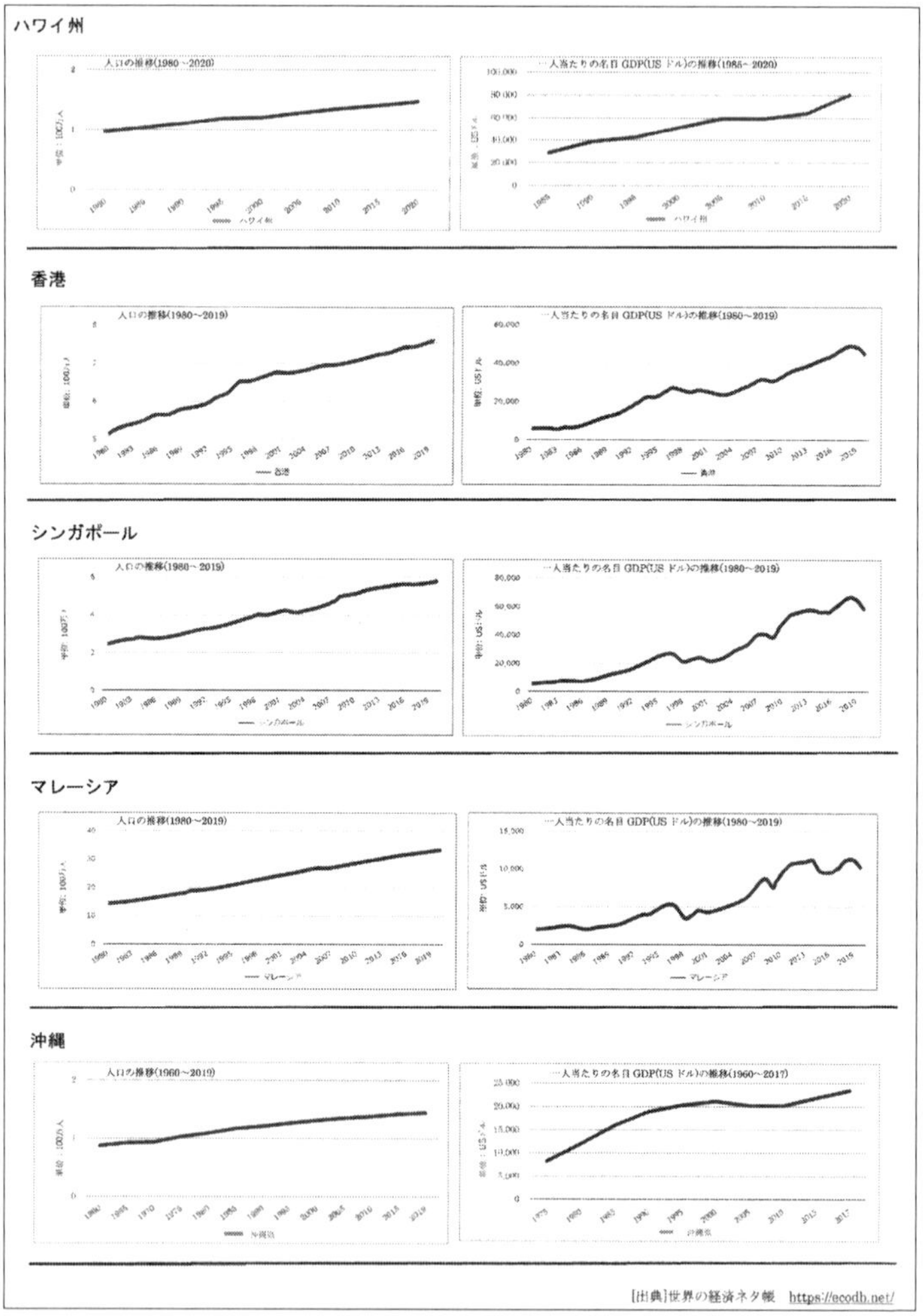

1人当たり所得と人口増の関係（ハワイ、香港、シンガポール、マレーシア・バリ島、沖縄）

（GLOBAL NOTE（国連）より筆者作成）

第4章
沖縄に新たな農業の誕生を

1　沖縄の新たな農業

　これからの世界に通用し、競争に生きる農業を考えた場合一口で言えば日本の農業は後進国的農業で我々沖縄の農業とどうしても同一次元では語れない。というのはすでにTPP・EPA・日米貿易協定は進行している。競争力ある強い農業をつくり、それを成長軌道に乗せられるかどうか。オランダは耕地面積が米国、カナダ（いずれも巨大農業国）の1000分の1の耕地面積でどうやって他と競争してるのかを知ることが重要である。

　一つのポイントは産出する農作物の違いである。米国・カナダは穀物類（大豆、トモロコシ、麦）を主に産出する。植民地時代の奴隷農業と同じくする土地集約的農業で大型機械を活用した農業だ。対しオランダ・イスラエルなどヨーロッパ先進農業国は野菜類など、広い面積を必要とせず、栽培空間をフルに活用した小型農場で付加価値の高い作物を生産し、米国・カナダと拮抗している。その代りこれらの国は穀物類は作らず輸入に依存する。そして野菜や果菜、果実を輸出して穀物類は輸入して十分にカバーできている。

オランダは日本の10分1の面積でありながら、日本の27倍の農産物輸出を実現し競争力のある農業を主とする高価な花卉などを輸出する国だ。同じようにイスラエルは日本の6％の面積で、やはり野菜やミカン・リンゴなど農作物を日本にも輸出しているがこのような小国がどうして日本を凌駕し得るのか。考えて見れば面積の問題ではないようだ。世界市場に向けて何を作り、何を輸出するかという強力なマーケティング能力を持つ国だ。沖縄が生き残るモデルとなる農業がどこあるのかと充分考えさせられる。この先にあるのはマーケティング思想による生産体制で原料の産地は問わない経済だ。オランダブドウはほとんど近隣外国製、イスラエルのナツメヤシの原料も輸入もの、ベルギーのチョコの原料も輸入もの、シンガポールの砂糖調整品も輸入したもので、いずれも輸出目的の輸入ものだ。

つまりマーケットがあればそれに合わせて外国から原料を輸入して加工して輸出する国だ。

毎年テーマを変えて開催される千葉県幕張メッセの植物工場展では、そのヒントを見つけられるかも知れないと毎年通っているが、見て来た事例では沖縄のモデルとなる農法を持つ国は決して土地集約的農業ではない。亜熱帯地域に属しても世界で競争できる農業とは何か、同時に沖縄の地域特性、地球上の位置特性を考えた場合、土と水で農業ができると信ずる日本農法は沖縄のモデルにはならない。沖縄のモデルとなる地域は小国でも世界に通用する競争力のある農業だ。人口の何倍もする観光客に対応する農業生産をどう抱えるか、野菜類の鮮度は収穫後4時間しか持たないため、近隣諸国や地域からは関税手続き上の輸入は難しい。また、新鮮さを保持し、消費者に届ける体制が重要だ。だから自国で供給体制を整えないと成立しない。

メイドイン・ジャパンの輸出は不可能と言うことが分かる。従って沖縄に必要な条件は亜熱帯の高温に耐え、台風に耐え、働く農業者の健康を保障し、植物と同じく28℃~29℃（野菜類の最適温度）環境を保持した方が有利となる。実際は冬春期農業（22℃~24℃）が半年は可能だ。安全な野菜を生産し、如何に健康な観光を保持し、健康を提供するかがポイントになる。勿論付随するサプライチェーンは不可欠である。そうなると本土―沖縄間の飛行輸送の2時間が問題になる。

それに見合うズバリの農耕と、輸送体制の確立されたシステムは欠かせない。でなければ企業化はきかない。イスラエルが開発してくれた手法を採用したシンガポール（常温33℃）で実現している空中栽培を採用するか、技術的にイスラエル農法、オランダ農法の単位面積当たり日本の4倍の生産性（トマトなら沖縄の10倍の生産性）を考えた場合、亜熱帯を培地にしながら、通用しにくい日本の農業を盲目的に採用するのではなく、現実に立脚し観光客には健康を提供し、農業維持の地産地消を実現し、さらに日本の工業技術を採用して農業生産を高め、素材を最大に生かし、本土土壌には絶対に負けない農業が出来れば、第2章で論じたように沖縄農業の国際化は不可能ではない。沖縄でも輸入して、加工して輸出することは可能だ。

2　内外の農産物価格差

TPP、FTA、EPA、RCEPなど国際経済協定が実施されているが、農業にどんなに資金投入しようがこれらが経済発展や産業構造の行く末を決めてしまう。特に日本農産物消費価格が先進国農業の8倍~10倍になっている以上、如何に生産コストを削減して競争できるようにするか、如何なる対策が必要か研究して行かねばならない。

なぜ日本の農産物価格は高いか。第1章でも言及したが根源は食糧管理法や減反政策という増産技術体制の制約にある。同法は農工間の格差が広がり農家の所得を守るため農民から高い価格でコメを買い取り、それを国民に高い価格で売りつけることで「工業と農業」の格差に対応してきたからである。政治家と農業団体と農家が一緒になって政府に値上げ陳情してきた結果、コメだけでなく他農産品にも波及して米国との価格差は生産で7倍、消費で7・2倍になったのである(実際は円高も加わり10倍に)。最大の阻害要因は有名な米の減反政策だ。理由は作り過ぎを抑えるためとか言って産量を厳しくした。むしろペナルティを課すようにしたため、そこには技術開発はタブーとし、それが他の農産物にも影響した。この50年間日本の増産のイノベーションという技術開発に進歩がなかったからである。

従って量産政策だけではなく経済構造政策を変えて行かねばならない。より付加価値のある農業へ、つまり他の観光業や、情報産業に融合して「脱一次産業」、「情報化農業」にしていかねば勝てない。他方では農業困難な地域の多面的農業対策や中山間地農業の対策の推進は不可欠であり、自由貿易に対応しながら農家所得を補てんする直接支払制度の導入は不可欠である。

3　21世紀農業の最大のテーマ

これまで人気のなかった農業で働く人の条件は厳しい。一変しなければ沖縄農業は崩壊に向かう恐れがある。強力なニコチノイド系の農薬を使用しながら、炎天下という悪条件で働くという、非人間的な労働を解放してやらなければ農業は持続しない。その姿を想像しよう。朝5時～6時には畑に立ち、昼ごろには帰宅して食事して休み、3時～4時にはまた畑に向かう姿に未来は開かない。そんな生活サイクルの農家に誰が嫁に行くだろうか。夕方まで働く時間割では社会と遮断した孤立の農業に情報は届かず、デートのチャンスも組めない。夕方の勉強会にも出席できず、天候が所得を決めてしまう。天候は決まった月給を約束してくれない。はたして21世紀の人間の営みと言えるだろうか。深刻である。健康を害され、寿命を縮められ、時には熱中症で病院に運ばれることも覚悟しなければならない。

農業は人間生活もままならない生活様式では社会正義が得られず、月毎に変動し収入も計算が成り立たない、将来も描けないのでは今の時代の産業とは言えない。やがて村は崩壊し消滅に向う。人間が育てられない、となり近所付き合いも成立しない孤立する農業なのである。

（1）人間中心の農業実現を

農業とは暗黒の大陸ようだ。深くてひろくて暗い。今のアフリカ大陸のようについ50年前ころまでは暗黒の大陸と称され手が付けられない大陸であった。ところが今はどうだろう金が輝く眩しい大陸に変わった。以下は経営の観点から農業の特徴をのべる。人間中心の農業の実現である。

島嶼農業は都市を前提に成り立ち、都市を求める産業が農業といわれるものである。今後の沖縄の農業はもっと人間中心の仕組みにならなければならない。人間中心の農業とは人間の生活における所得と健康を重視した今でいう人間らしい社会的に連関する産業と家業の混在する産業と言える。

遠く離れた山里の畑に産業は育たない。こんな社会は農業の本質からして農業を否定し崩壊させているのである。農業は都市工業がリードする産業なのである。従って、まず人間が健康であることを前提に観光や環境が成立するものでなければならない。

農業は元々集団事業で、人々の一致協力に基づく作業で成り立つものだった。植物栽培だけが農業を構成するのではない。つまり社会が崩壊しているところには農業は成り立たない。

サトウキビ農業を見ればよく分かる。県内のサトウキビ農場の一戸当たり平均耕作地は0・7ha、約2000坪、これは夫婦2人では耕作できない。せいぜい1000坪が限界。それでも年平均40万円の収入にしかならない。すでに述べたが農産物の新鮮さはだいたい4時間が限界、サトウキビなら4時間以内に工場に搬入してないと品質劣化を起す。糖度で価格が決まり収入もきまる。だからどうしても早め早めに工場に運ばないといけないので人数を要する。

刈り取ると工場への運搬は同時にやらないといけないのでどうしても人手が要る。しかし今日、高齢化で協同性が崩壊し農業離れが目立つのである。だからサトウキビ農業では食べていけない。砂糖キビは4時間内に工場に運ばないと酸化して固まらない糖蜜に変化する。これを異性化糖と呼ぶ。

これは糖度を確保するため1度ごとに国の買取り価格に1000円前後の開きが出る。昔は「ゆいまーる」という共同作業が成り立っていた。今では「ゆいまーる」が崩壊し集団化作業が出来ない。

沖縄全体はいくつかに区分して理解しないといけない。

土壌による分け方にすると北部は国頭マージで県全体の55％の耕作地だがさとうキビ向きではない。つくっても16％しか占めない。南部のジャーガル土壌の半分しか生産性はない。北大東・南大東は戸当たり5・5haで機械化できるので食べていける。それは沖縄唯一といってもいいくらい所得の高いキビ農業が可能である。

次に可能性のあるのが石垣。農家は子牛の方が飼育しやすいと、且つ価格も1頭当たり70万円~80万円の高値で出荷できるのでサトウキビには手は出さない。石垣当たりは一農家当たり3・3haあるがサトウキビはつくらないで家畜に走る。牛の生産が盛んで、子牛生産にしろ、飼育牛にしろ、この方が利益は大きい。畜産でも牧場でも肉牛生産は容易ではないが利幅がいい。しかし、粗利の低い牧場だけではビジネスは成立し難い。

(2) 資産化できない土地や家畜

今の農業の制度では産業はつくれない。財務諸表に畑や家畜という資産がなく金融等に認められても、条件は厳しく担保にならず借入も商工業者のようにはいかない。他方、農業用機械類、農業設備類、減価償却などの資産は毎年IT化され複雑になる。価格も何千万円単位もする規模の資金の調達となると農家には手におえないのである。寝ている資産（牛や豚）は価値を増幅するが計算できず売ってみないとどれだけになるかわからない。価値が読めず変動するため一方の固定化された借入金利には勝てない。増幅する価値は飼料に置き換えることが出来るがそれはそのまま経費化するだけである。

一方、借入先となるとJAとなる。しかし、JAは一般銀行より条件が厳しい。リースでもアドオン法式で先に金利を取るので途中返済がきかない。不利である。最初から大規模のビジネスにはならない。規模拡大のメリットがなく産業にはなりにくい。大きな理由は資金が集まらない。如何に資産を導入しても土地や家畜は企業会計並みの資産価値はない。商工業界なら資産は当然それだけの価値が認められ計上されるが農業ではそうはいかない。全く不利益の状態で畜産業をやっているのである。牛肉では回収で36ヶ月、粗利が16〜20%、資金は寝る。日ごとに資金は出ていく。年回収が読み切れない分の悪い産業なのである。

（3）回転しない資産

農産物は本来多年生植物であり人間の栽培技術で1年生植物にしているのである。ほっておけばいつでも多年生になってしまう。1年生とは年単位で実になるということ。同じように飼育牛を考えて見よう。36ヶ月に1回転するので資金回収に36ヶ月かかる。次々に次の牛を補充しなければならないので後続の牛は資産価値が読めなく寝てしまうのである。その資金が膨大になってしまう。金利まで考えたら相当の資金が寝てしまってその負担は大きい。本来利益を生む資産が回転しないため利益計算が出来ない。従って経営計画が立てられない。

しかも利益率が低くそのままでは企業化できない。6ヶ月手形の好例が牧場だが利益率が低く、回転は長い、回収までには何年もかかるので病気や事故の発生で飼育途中中断すると最早利益は期待できない。2年ごとに赤字と黒字が入れ替わる非常に危険な商売だ。それを回避するためどこもその肉を売るステーキハウスや焼肉レストランを経営しなければ入出金のバランスが保てない。つまり資金が回らない。36ヶ月に1回転する牧場の会計と毎日回転するレストランの資金の会計がうまくかみ合わないとバランスしない。経営は維持できない。これを同期化というが高速回転と低速回転が1軌道で回らないと失敗する。豚のケースでは6ヶ月で1回転するから建築工事の6ヶ月手形と同じである。6ヶ月しないと資金化できない。それでも一般のビジネスでいうと長い、やはり金利はつかない。

しかもいずれも景気変動する。あるいは世界の事情でも変動する。ここで回転とは3か月後の100万円をとるかの回収のケースで3分の1の30万円を3回回転させるかの意味である。30万円を3回転すれば100万円になる計算である。3回転以上回わせる人は30万円を取るだろう。利益の計算には相対取引のマージン、回転取引の回転、とロット取引のコミットメント取引の3種類を想定する。最近は牛や豚の動産に減価償却費を計上することが認められているらしい。儲かっているうちに計上すれば利益の蓄積が可能かもしれない。長い目でみると回転を速めるには持続的技術開発が必要であり、差別化の方向である。それは単価を持続させ発展を約束する。1993年のガットウルグアイラウンドで日本が学んだのは差別化であった。競争を避ける手段だったのである。

(4) 継承者不足

すでに後期高齢者の域に達したサトウキビ農業者に継承者は予定されていない。衰退していくサトウキビは自然に終焉に向う。放棄農業者は更に増えていくだろう。今の農政では止められない。経営発展させるための資産化していかねばならない。

産業視点で見ていくと暗澹たる未来だ。政府が唱える「目まぐるしく打ち出す」農業政策はあまりにも乖離し追い付けない。夢のまた夢だ。政府が補助しても成り立たぬ農業ではなく自ら切り開く農業は企業経営として出来ないものだろうかとつくづく考えてしまう。

台湾が工業化に成功し大陸に進出していったが残された農水産業はその方向性を転換された。大型化（特にスイカ径30㎝、冬瓜などは長さ1・5mもある）、高度化（研究成果を野菜は年1回発表、花卉は毎月の発表）で世界に挑戦、輸出拡大を図ってきた。沖縄と同時スタートした「蘭」栽培は1000億円の輸出産業に成長した。沖縄農業は環境的にも技術論的にも本土より条件の近い台湾に学ぶべきである。隣の台湾と比べても学ぶ条件は本土よりも条件ははるかにいい。沖縄と台湾とは地球の緯度はほぼずれてはない。

日本農業が抱えている最大の問題は1ha当たりの収量が低いこと、そしてそれによって農産物が高くなり、国際競争力を失ってしまうことだ。その収量の問題に正面から取り組まない限り、日本農業の未来はない。また国際競争力もない。

4　沖縄農業と文化の融合

（1）　農業と3つのK（観光・健康・環境）

既にみた図表（142頁）から判断すると人口増と1人当たり所得は比例する。20～30年前のハワイ、シンガポール、香港、インドネシアバリ島、何故か沖縄はそうはならない。

農業と観光、ファーマーズショップと農業、レジャー農業の先端を行く台湾、農業の「農」と「業」の分離、農業は「観光と健康」の方向につながらなければ意味がない。農業は健康とつながることでリピーターも増える

60年代～70年代の観光の集客、低所得と地球の南北格差、観光の外貨獲得の時代を考えると、観光は発展途上段階の一時的現象に過ぎない。1万ドルのワナという言葉が流行った（P120）が、2018年～2019年、正に中国が今1人当たり1万ド

ルを超えたところだが、観光のインフラだけに頼る危険性（以前の長崎県のハウステンボス村や宮崎のシーガイヤなど）は依然として高い。観光客を誘致するのはレジャーとショッピングなどが一般的だが人が集合するところの教会・神社・仏閣・廟等の観光が成り立つ。観光の利用価値の発見であり意味づけも消費である。最近の政府の農福連携、ファーマーズステイ、テレワークなどの提携が今後の観光では重要になる。

事例は前述ハワイ、バリ島、シンガポール、香港、台湾の順に「観光＝健康＝環境」が観光の産業化側面を説明している。後で述べるが「レジャー農業」の成立で「農と業」は分離する。観光がもつ今日的意味は経済成長を終えた国々が観光に力を入れ始めたところでもある。

ＴＰＰ、ＥＰＡ、ＦＴＡ等への参加によって決定的な意味をもつのは人・物・金・情報の国境を越えた完全開放型経済への移行でもある。沖縄の場合は規制緩和に加えて人口増も重なり島嶼から都市化社会への構造変革で一気に交易都市に転換するチャンスでもある。**理想は交易都市＋観光都市＋工業型農業都市**である。これが今後、「沖縄」が成立する条件だが、同時にＴＰＰ時代など貿易自由化の拡大は都市化要素として「観光と農業」を捉える必要がある。当然県民も影響を受けながら食生活の洋風化、嗜好やダイエット商品、多種類の食品が輸入され、県民に影響を受ける。

（2）工業的農水産業への転換

農業の高付加価値産業への転換

国や地域は低付加価値産業から高付加価値産業へ転換していかない限り発展はない。また国や行政あるいは経済界リーダーの最大の役割はその地域に如何に付加価値を造りだせるかである。どの産業がもっと相応しいか、あるいはどの産業が生き残れるか、そのためには時代とともにそれに応えていかねばならない。

今日、沖縄県について観光は基幹産業といわれるが本当にそうだろうか。観光は低付加価値だが、どうしたら高付加価値産業に創造代えできるか、産業の構造変化に合わせて考えていかねばならないテーマである。

課題は観光という低付加価値産業から如何に高付加価値産業化（例えば農水産業などをベースとする産業）と併存していけるか、転換していくかだ。しかし、観光というのは実体経済論としては時代的産業特性（発展途上国的段階の）を持ち、他外国の事例をみても一般産業への波及効果はあまりない。観光をメインとする地域や国が発展したところは一時的な現象である。本県はいま、この不況をチャンスに構造改革をやる気持ちで脱1次産業に移行しなければならない時に来ていると思う。

農業やものづくりの製造業を軽視する国や地域に産業は育たないといわれ、経済の自立化や自立的経済の基盤も造り難い。一方で、初期の経済発展の途中から観光産業に転換し、より付加価値のある産業に移行した国や地域は隆盛を見る。第2章で論述したが観光産業を主な経済発展の手段に固守し続けた国・地域は衰退していく。1960年代～70年代の台湾も香港もシンガポールも元々観光を主とする経済だったが、途中から労働集約型の組み立て・加工をベースにした産業に切り替え、産業を転換し、今や世界水準の先端産業に到達するに至った。

しかしなぜ、ハワイやグアムはいつまでも自立しないで衰退するのか。その本質を考えれば観光が基幹産業になることはないし、高付加価値産業にはなり得ないということもご理解できると思う。以下10年後の農業を考察しながらその特徴を述べていきたい。世にいうAI（人工知能）をもつクラウド農業の時代に入りつつあるからだ。

（3）クラウド農業の時代へ

農業とは毎日畑に出て作物を見て土を触り、匂いを嗅ぎ、いつ水を撒くべきか、いつ肥料を足すべきか、いつ除草すべきか、いつ農薬をまくべきかを長年の勘で判断してきた。特に沖縄では本土よりも水は十分ではない。土壌も相当違う。そこで考えられるのはセンサーを活用したクラウド農業である。

農業も弱肉強食の国際競争の時代に入った。正しい農業ではなく生き残れる「農業」でなければならない。農業を根本から変えて行かねばならない。

2016年、「匠の技術、匠のデジタル化」という試みが流行した。例えば土づくりの方法、水のやり方、苗の育て方、整枝の仕方、収穫時の見極め方、など素人には真似できない極意である。マニアルは一切存在せず、すべて匠の勘に収められている。このような技術を幾種類かのセンサーによって代替し農場で使用する農業にしていくことである。

これらのセンサーとは土壌センサー、気象センサー、植物生長センサー、など実際につかわれている。他に温度センサー、肥料センサー、pHセンサー、照度センサー、風速センサーなど多様な活用が出来る新しいセンサーが出現している。

(4) クラウド農業とは

クラウド農業ではITを使った土壌センサーで土壌の温度、水分量、pHなど把握、植物センサーで光合成の分析、生長センサーでミクロン単位の葉・茎の生長、実や花の生長の情報をスマホで受けとりその場でコントロール可能だ。これがITクラフド農業で、そのような農業が間もなくやってくる。

今の日本ではさらに甘さ、固さ、生長のミクロン単位の精度、花の色合い等ほとんどセンサーでキャッチできる。さらに進んで甘さなら何ブリックスまで瞬間的に図れるのが将来のAI(人工知能)農業である。生長センサー、土壌センサー、衛星画像を使ったクラウド農業がはじまっている。

植物生長量センサーのデータから①「土壌水分がこの状態で、日射量のこういう条件が揃えばトマトは50ミクロン生長できると判断できる。②逆に「日射量がこのルックスしかなく、土壌水分がこれだけあるとトマトは水分過多となり生長は落ちる。これがＡＩ農業の基本的な考え方だ。これで分刻みで水や肥料の量を調整する。このようにドリップファーテゲーション装置（点滴養液潅水）を通じて自動で潅水や施肥を行なうことが出来る。

5　植物栽培の工場化

(1)　工業と農業の融合が生む新産業

1章で述べたが植物工場は沖縄が唯一参画できる先端の産業である。オランダ農業と異なり日本農業の特徴は土、水、肥料という高コスト農業になっている。しかも農薬・化学肥料をたっぷり使うので非健康的で特に土との関わりでは日本独特の歴史的、制度的、政治的、社会的関係でいろんな縛りがある。

沖縄では亜熱帯性土壌のため日本式農業を単純には真似できない。人間労働の面で負荷が加重になるなど自然環境との関係、例えば台風、塩害、豪雨、灼熱、土壌の流亡など危険性が伴い有利性は見出し難い。とりわけ重要なのは農業を取り巻く自然環境や栽培条件のコントロールも容易でない。かつ作る側の意向でできる農薬とか化学肥料の人為条件もコントロールは難しい。

工業と接近することで、機械化工場にしていけば過重労働が緩和され年齢に関係なく働けるメリットが生まれるが、唯一の問題は電気料金が高価で採算性が合わないため太陽光の利用が求められているのである。

(2) 植物工場の利点

植物工場は高齢者と若者との交流、それぞれの役割の複合的社会が実現できる場でもある。それを拠点にモノが生産され加工され、流通し販売されるため地域に産業や企業が生まれ、高齢者や失業率の高い若者の就業の場も作れて、地域活性化となるものである。

今後はまず、地域に人間が集まり、雇用され市場が複合化されるためサービス関連の農業は多くの都市型企業を生む。野菜類は成長期間が短いため、季節に関係しない野菜や医学的に必要とする野菜類が作れる。植物が必要とする光合成栽培が最大限活用できる。また台風など自然災害を回避できる野菜が作れる。市場変動対応できるマーケットイン野菜が作れる。これらが地域の基盤産業の一角になる。

先進国で健康阻害要因としてコントロールが叫ばれるCO_2が逆に有効利用され人間が必要とする植物生産に貢献する。京都会議で決められたCO_2削減の義務にも作用する。CO_2は植物工場の導入では逆に光とともに植物成長の原料として使用されるため原価が安くなる。

出来た野菜は虫が付か付かない、ドロが付かないので清潔で衛生的で健康的である。さらに季節に左右されない生産、安定した供給が期待される。疲れきった露地栽培から解放され生産現場における癒し効果も生まれる。

(3) 観光分野への野菜の供給

離島が多くリゾートホテルが広がりをもって各地に散在し本島から遠く、サプライチェーンが自然条件に多く影響され、常に野菜不足を引き起こし、観光客の健康維持もままならない。離島の場合は島内経済がストップし物価が高騰する。それを回避しなければビジネスが成り立たない事業だ。台風がくれば一週間は動けない。

6 農と業は分離する

米国をはじめ、ヨーロッパ先進国の農業生産は、自由化品目の農業としては競争できない農業をEUの共通農業政策(CAP)のデカップリン制を活用して、及び自然界で植物生産が困難な条件下で農業せざるをえない農業者の所得を補償する条件で農業支える方式である。それは国としては国が自然環境を保持する多面的機能を重視するようになったからである。日本農業は政治に歪められており中山間地など消滅危機にある農業を保持することを所得補償して維持している。そこで農と業が分離する状態がうまれ、「農」の部分をレジャー化する動きに代わってきているのである。

それが観光に関連し、福祉に関連し、農泊や農福、ワーケーションに活用されるようになってきたのである。

（1）農と業の分離

農は農村とむら、業は商売／技術開発の経営である。あるいは農は文化、業はビジネスと解釈できる。農業は少数人数で生産の現状維持ができるので人口は減りレジャー側の面が強調される。それが結合するようになったのは人類が定住生活を始めたからである。モンゴルのような、或いはヨーロッパ人が食糧を得るために大陸を走り回っていた時代には各地を転々と移動しながらキャンプしていた。そこに一時滞在して灰を捨て排泄物を落としていく。その人間生活は草原を雑草化させる。定住すれば植物を食するという農耕が生まれ、そして定住を始めると栽培という技術が導入され多年生植物が一年生化に変わることで周年収穫が可能になり農業が生まれたのである。即ち、農と業が結合し毎年収穫できる農業が生まれ、農耕化した。

香港の例でみるように英国が植民地化する前は元々の地主は農漁業に従事していた。人口が増えるに従い外国の投資家に土地を提供し、高層ビルを建てさせ、オーナーになり都市化して自分達は不動産業に従事するという関係である。明確な農と業の分離である。

（2）都市を必要とする農業――「農と業が分離する農業」

欧米は「農業」とは農業生産を基本とする販売及び技術開発の経営を指す言葉である。しかし、日本では農業とは農村風景を指す言葉である。農村風景は農業者を土地に縛りつけ農業者は祖先から引き継いだ田畑を無難に子や子孫に受け継いでいくリレーである。それは武士階級の糧を得るための手段として利用していたにすぎない。

沖縄では人間を土地に縛り付け同じものを強制的に栽培させ続けた（モノカルチャー）農業で「大坂市場」に直接作物を売ることを禁止して農産物は作らせるが市場性の商品はつくらせなかった（歴史上本土でいう百姓と問屋業は生まれなかった）。日本は山があれば必ず川がありコメができる。イスラエルやオランダの農業風景とは全く違う。くらべものにならない。日本のコメの反収は江戸時代後期1・5トン／反、しかし1950年代には3トン／反に増える。1700年代と1970年代に比較すると2倍である（第2章参照）。

幾何級数的に増える人口に対して、食糧の産出は算術級数的にしか増えないとされていたマルサスの理論は、日本でも打ち切られたのである。

人口の増加するところに経済は成長する。沖縄のような島の経済は農漁業がベースである。前述したが農業が成立するためには背後地に必ず都市存立を必要とする。人口が増えることを都市化するという。都市化すると各種の事業（小売業やサービス業）が生まれる。高齢化社会が実現し経済成長が鈍化する。同時に要介護人間が増え高齢化のための福祉産業が増える。ところが街は人口の集積するところに成立し、成長の仕方は交易によって拡大する。まず、都市化は交易↓商業↓農業↓工業↓金融業と成長していく。と同時に電気、水、ガス、道路、港湾のインフラを必要とするようになる。そして産業は地域の文化により規定され、高度な農業技術は都市人間よって つくられていく。

沖縄の農業者は高齢化により、とりわけサトウキビ農家は後期高齢化に入っており耕地は放棄されていく。結果として放棄農用地は確実に増える。後期高齢者の増加と放棄農用地の増大は現実のものになってきた。くり返すがこの解決策は農と業の分離にある。今後これらの産業はだれが担うか。その中でこれまでの農家はどういう立場に立つのか重大な岐路に立たされている。

(3) 新たな農業政策が必要

全く逆に減反政策といって、反収を高めるための技術開発はタブー化して押さえて増産をさせないようにしてきた(琉大の新城長佑教授のコメのハイブリット技術が否定されたように)。

農家には事業化意識がなくコスト意識が萎えてしまって、また企業努力の気配もなく経営そのものを否定し政府に保護を求めることになる。サトウキビ農業の衰退をみれば分かり易い。政府の関係関与は度を越している。企業努力さえ聞こえない。

（4）農業＝農と業は分離する

人口減少社会では従来のように農産物の生産及び販売だけで収益をあげるのではなく、農業を都市市民のレジャー対象として、レジャーの対価を得る産業として大きく質の転換が必要になるのである。高齢化や農業人口の減少によって従来の農業が維持できなくなってきて停滞や衰退を招来しており農業の構造転換が求められている。さらなる発展として農作物による景観的価値としての環境機能、文化保存機能、教育的機能、郷土料理の提供機能をレジャー農業に求められてきた。

都市市民がレジャーとして農業に入ってくると具体的農作業として一般的なもぎ取り、摘み取りなど収穫部分を体験する耕耘、播種、育成、収穫などで農業とのかかわりを増幅させてきている。

(5) 農と業の分離

農業は自然界の助けもあるのでコメように減反を増やすことは考えずに輸入価格と消費価格との差を市場に任せ商売にならない多面的機能を担う農家には直接支払の補償をする。これがＷＴＯのいうデカップリング政策である。

これまで農家は農地の伝承者に過ぎず業は必要なかった。もし農業の文化部分をカルチャーというのであればこれまでの農業者はサービスの提供者になっていればいい、この背景には以下の事情がある、

戦後占領軍(ＧＨＱ)の指導もあってとくに農業経営者は育たず、今日では創業者も育たず、創業者のノウハウ、技術も理念も継承できてない。

目に見える形だけ引き継ぎ現状維持を狙う。世界的に遅れている「本土の農業」は沖縄には根つき難いと思う。

7　地産地消と観光

（1）新農業のはじまり

農業が地域経済を牽引する強い産業になりうることはオランダやデンマークなど欧州の成熟した小国が教えてくれる。これらの国々の農業は情報産業化、知識集約化産業、サービス産業化、輸出産業化している。

言われている6次産業化とは農業をベースとする生産、加工、製造、流通販の1次2次3次の連結されたトータルな産業化である。それに観光を絡めるのが今回のテーマである。農業をベースとする6次産業にどういう側面が見られるか。この6次産業化も観光産業の両面とも未完成の状況下で論ずるのは無理がある。6次産業化は少なくとも農家がやるにはムリ。

それは農業生産だけでなく加工、流通、販売まで手掛ける「6次産業化」の推進で2013年1兆円程度の市場を10年間で10兆円に拡大し、農業農村の所得を10年間で倍増するという安倍総理の計画であった。

消費する観光から生産する観光へ、それでは農業に観光を根付かせる産業構造と政策はどうあるべきか。Aバリ島の観光、B都市化する観光、C農と業を分離する観光(レジャー化する農業へ、定住化する観光へ)、D地域化する観光、E地域化と一体化する観光人口が増加していることが前提で高齢化と人口減少が同時に起こっている。

まずここでは6次産業化とは多段階に亘る付加価値の産業化である。多段階とは農業(農産物生産)→製造加工→販売・流通加工→小売り加工→調理加工の各段階における付加価値の創出である。これだけの多段階におけるビジネスの連結によって成立する方程式である。農業者が中央卸売市場に搬入して卸せば換金化するのとはわけが違う。農業者だけではまず製造・加工を伴う製品化、販売流通におけるラベリング・パケッジング商品化、店頭における店舗陳列よるバーコードなど陳列商品化、及びレストラン・飲食における調理商品化など各流通における営業販売のための段取りは難しい。さらに恒常取引における口座開設や信用取引に伴う品質保証の確保などこのように一連の流れのビジネスを遂行することは無理である。これらは全てを経営管理する必要があり、農家単独で実行することは困難だ。

むしろそれぞれ農家の領域を超えた専門企業と提携して困難性とリスク回避していく経営管理を確立していくことが理に叶うあり方である。つまり製品概念、商品概念、信用取引のあり方、財務分析や財務経験など全て農家が経験したことのないばかりか、教育さえ受けてないし学んだことのない分野でもある。肝心な企業経営者としての経験がなければ6次産業化は進められない。

地産地消だったらどうか。地産地消は1980年ごろから広く語られるようになったもので、地元で生産し地元で消費するという試みだ。それにできればムダな輸送も不要だしCO²の排出ガスも減らせる。

しかし現実はどうみても難しい。市場が小さくてITで活性化しても企業が成り立たない。今、地産地消らしきものをやっているのは学校給食か、弁当屋さん、レストランくらいだ。レストランでも地産地消はむつかしい、と言うことが現状だろう。その答は簡単だ。これまでやってきたように減反政策や高価格政策では日本の農産物は世界相場の数倍の高価格品になってしまう。

この50年間、ものづくりの原点である「いいものを、早く、安く」つくる技術開発や市場開発をやってきてない。富裕層向けのブランド化、国内向けにしか通用しない高価格政策が今回のTPP・EPAなどの多角的貿易協定実施を導いたと言える。日本価格の6分の1から8分の1価格で外国産が輸入されてくる時代だ（県資料）、とても太刀打ちできそうもない。レストランだって、弁当屋さんだってコンビニだって本当は地産地消でやっていきたい。これでは輸出も不利、国内も不利、とても地産地消というわけにはいかない。

地産地消が無理ならどうするか、やはりTPP・EPAなどの商品と国内で競争し輸出していく以外道はないのではと思う。日本の農産物は高級化、ブランド化は成功しているのだからこれを如何に競争価格にもっていけるか。農業以外の自動車、機械、電子、繊維などが歩んだように「いいものを、早く、安く」つくって輸出向けに技術開発・市場開発していくのが道であろう。それで島嶼であってもデカップリング下で所得補償が構想できる商品化を展開することではないか。

また、日本語で書かれた農業の本で輸出について書かれた本はあまり見ない。輸出を無視して自給率を高めるなんてムリ。米国やヨーロッパの国では自給率100%、1000%はザラ。仮に輸出＝輸入になれば自然に自給率は100%になる。米国が農業でトップを走っているのは農業研究開発型の産業になっているからである。

ものづくりをベースとする6次産業と観光

沖縄はなぜ進行する高齢化社会や増大する人口社会に対応する農業政策が進められないのか、1人当たりのGDPが20数年にわたり低迷するのは「島」経済の思想に縛られるからである。時代に対応できないのに放置されてきた結果である。

観光政策の予算はどの県でも5～6億円が標準だが沖縄は約11倍の大型75億円の予算だ（旅行新聞第1525号・2013年11月21日）。より付加価値の望める方向に生かすべきだ。学者の単なるレポートやペーパーづくりに予算を使うべきではない。

沖縄県の21世紀ビジョンの最大の欠落は「都市化」概念の欠落からきている。従って都市化が今後の県経済をリードするという原理を忘れていることに注意を促したい。ハワイやグアムに見られるように実業の乏しい経済に向かって「もがいている」観光経済はもはや沖縄のモデルではない。20年前のハワイは我々のモデルであった。「ものづくり」をベースにした観光経済だった。パイナップル、サトウキビ、マンゴー、コーヒー、マカデミアナッツと豊富で多様な農産物や野菜類は付加価値の高い産業として観光に直結していた。しかし、いまやその時の面影はない。ものづくりをベースとしない観光が成立しえない好例である。ハワイは沖縄経済のモデルにはなりえない。

(2) 島の都市化を狙う観光

島のリゾート観光は人口増による都市化を作っていく必要がある。如何にそのもっている消費を生産に転換していくか。農業と観光の同時成立は物産という産業を生む。

好例はインドネシアバリ島の経済構造だ。人口400万人だが40%はリゾート都市に住み、60%は背後地の農業の生産だ。その中間に歴史に成立してきた伝統の焼き物、酒類及び織物・染物などで造るテキスタイルの3要素は存在する。それが進むと音楽・祭、など行事が生まれ、そこに世界から音楽、彫刻、絵、工芸金具など著名人が参集するようになる。人口はさらに増える。それらを総合化する観光という産業が形成されていく。

Ⓐ理想はシンガポール・香港だがそこは元々島だったが経済が交易都市として成立してきたため観光という経済が拡大して今では沖縄の何倍にも拡大している。いずれも金融市場の形成からスタートしてきた観光経済だ。香港の隣の経済特区深圳市は人口増からスタートした。スタート時200万人の人口が今では7倍の1400万人の観光市場でもある。バリ島の所得はインドネシアでもトップにある（沖縄の2倍）。

Ⓑサプライチェーン・ロジステックスはシンガポールや香港の例に見るように主要産業になる。それは空港・港湾の保税地域の機能の産業創造にほかならない。

沖縄の観光が産業化しえないというのは一人当たり所得増加が入域観光客の増加に連関してないということである。これは観光客の増加が所得の増加に貢献してないということでもある。また観光が消費で終わっている証拠でもある。付加価値が創出されてない証しでもある。

沖縄を島と見る場合と都市化と見る場合では答えは全く違ってくる。島と見る場合、島の経済とは農業漁業である。農業が成立する条件は背後地に都市化人口の存在が前提となる。都市化と連結しない農業は産業としては存立し得ない。一般に島には経済の成長がない、人口は少なく、都市地域から遠い地域に存在し、経済の成長はなく所得も低い、また医療体制も出来てないなどの欠陥を持つ。消費として捉えても島にカネを落とす人々ではない。

Ⓒどうしても都市化を図っていかないと観光という消費は拡大していかない。消費者は都市化と島にどちらにカネを払うか、同じ時間消費でも落とすカネは大きく違う。都市は医療体制が整い食べ物も豊かでショッピング商品も豊だ、品揃えも優れている。落とすカネが違う。

第5章

レジャー農業への転換

1　理念としての沖縄農業

前章から農と業の分離について論述してきたがこれはEUのデカップリング制よるもので日本の3つの直接支払制度に相当する。具体的には直接支払い制度で「農業の多面的機能」、「環境保全機能」、「水の涵養等の保全」を維持するためのものである。品目横断的に何を造ってもいいが環境保全機能の保持にウエイトがあり、農業以外の非ビジネス的農業の一面でもある。言い換えれば農業はレジャー農業、文化農業、福祉農業、そして観光農業として捉えることができる。

勿論、「農業」をビジネスとして展開していくには種苗技術、栽培技術、機械化技術、多年草の植物を1年草化の栽培植物に作り変えていく技術などが必要である。

本来の「農」とは「文化・カルチャーでレジャーであり」お金儲けの手段は弱くどちらかというとサービス業的要素を強く持っているのである。日本でいえば農地を親から子へ営々受け継いで次代に引き渡すのが「農」であって決して「業」（経営）とはいえなかった。親父がサトウキビを作っておればオレもサトウキビだと。野菜を作っておればオレも野菜だと。食べる目的で作って余れば隣近所に差し上げる。農とは農村風景を指す言葉で村落共同体組織でその維持にあたった。また、設備も整っているので、簡単には切り替えられない。

従ってその共同体の崩壊は農業生産の崩壊につながっていく。サトウキビ生産におけるユイマールの崩壊はサトウキビ農業の崩壊につながっている。

農業とは協同サービス業を経営し発展させ富を構築していくのが「業」という農業を指していた。とくに日本は圧倒的に村や農村風景の昔のように食糧確保重視型か環境保全型になっていてビジネス面が弱く、特に戦後のGHQ指導もあって経営者教育を欠くものであった。

そして今日、就農人口も減っていく。もはや従来の農産物の生産及び販売による収入では農業は維持できず農村の衰退を招いている。統計からみて農業者の収入のうち農業所得（上述の多面的機能などの公共工事が含まれる）から得られる所得は全所得

3216千円のうち909千円（28・2％）くらいである。

あるいは2017年全所得3509千円の内1344千円（38・3％）である。

沖縄全体の2019年農業産出額977億円に対し生産農業所得は362億円で37・1％である。しかしOECD（経済協力開発機構）によれば日本の生産者支援は49％（2019年）で多面的機能などを含むトップレベルで高い。


日本の農業の観光化やレジャー化する事業はまだ進んでない。まずは都市住民を農業に呼び込み農業体験、農産物を消費してもらい、また滞在して農村の風物を楽しんでもらう。そのことによって農村の活性化、農村の振興を図ろうという動きが地域活性化や地域振興に繋がっているのである。今日では全国的に観光ブームが次なる成長産業として政府も力をいれている。今度のコロナ禍を避ける生活のためにも加速され活発になってきているのである。それは従来のいう観光農園よりも広範囲のレジャー施設で「農のディズニーランド化」でもある。国の政策は別の意味（農産物輸出）もあって外国人観光客が農村風景を味わうこと以外に、地域の食事でカネを落とさせ（インバウンドという）、外貨を稼ぐことにある。それによって2018年～2019年におよそ4000億円のカネが落ちたとして農産物の輸出に匹敵するものとして取り組んでいるのである（安倍内閣時代）。予定の1兆円は21年11月に達成しているが2030年には5兆円を目指している。

2　沖縄農業の課題

（1）沖縄農業の実態と問題点

沖縄農業の産出高（全て県資料、単位：億円）

	1990年	2019年
全体	1062	977
サトウキビ	250	152
野菜	204	146
花き	149	93

牛	130	274
豚	161	132
鶏	65	50

特に増加しているのが畜産の459億円、取りわけ肉用牛の急増（15年比28％）で、逆にさとうキビの低迷である。

	2000年	2010年	2012年	2015年	2019年	2020年
牛	179	172	186	232	274	234
肉用牛	126	134	144	187	239	198
サトウキビ	166	187	146	162	152	187
畜産	360	370	385	426	459	397

沖縄農業は2000年に入り、さとうキビの時代から肉用牛の時代への転換している。さとうキビは毎年低下状況が続いている。逆に毎年数字を伸ばしているのは肉用

牛である。肉用牛のお蔭で畜産は毎年産量を伸ばしているのである。飼育牛は1992年6万2000頭から2020年には20％増の7万4000頭台に増やした。しかしそれは野菜等の一般農業ではなく石垣市地域、宮古島地域を主要飼育場とする畜産業である。

(2) 沖縄農業の低迷

改めて沖縄農業の数字をみるまでもないが、さとうキビは長期の低迷、花卉類も低迷し、野菜は激減（県内市場はリーマンショック以降本土産が83％に）崩壊停滞の崖淵に立っているのが沖縄農業である（中央卸売市場の資料では野菜の自給率は通年で17％だが、夏場は3％に）。衰退の原因は台風ではない、塩害でもない、干魃や集中豪雨でもない。唯一農業者の高齢化による農業からの離脱であり、野菜生産が高齢化の進行スピードに追いついていけない生産技術の低迷がある。

そこで、筆者は2011年キューバ、2012年オランダ、2013年イスラエルにそれぞれ農業視察に行ってきた。農業輸出が日本の30倍近くもある国オランダの植物工場の視察研究がその後のテーマになった。

日本農業は葉菜類や果菜類の栽培に大量の水を使い、できるだけ機械化する。ハウス面積を拡大し、播種期をずらし定期的に収穫するとともに化学肥料を毎年投入して生産効果（特に温める農法に注意）を狙うという考え方である。

しかし、いずれも沖縄では深刻な問題になっているのが台風である。どんな最高の収穫を得ても3〜4年の間には必ず台風は来襲する。台風が来ると全てを失う。台風だけではない豪雨や太陽の高温の時も養分は分解していくなど土壌は流亡化する。日常的に農業に必要な壌土までもぎ取っていく。そして再び継続した農業をやるならまた最初からユンボーなど機械による土の掘り起こしからはじめなければならない。土壌づくりから3年〜5年のスパンでみても採算はとれない。現状を続けていくと3年〜4年では土壌の養分が流出するので土耕栽培や露地栽培の限界がある。

さらに投入する化学肥料は毎年同じでも同じ成果は期待できない。同じ畑でも20メートルも離れれば違ってくる。また農家自身が制御できない養分変化する肥料では産量が計算できない。あるいは日本の農薬使用量が13・7kg／ha（２００３年）で世界トップにもかかわらず産量はオランダの3分の1、トマト、イチゴ、パプリカ、ナスなどオランダの歩留り96～99％になると遥かには及ばない現実がある。

（3）沖縄優位性の農作物とは

農業を論ずる場合、農制を論ずるのは容易だが、個々の農作物を論ずるのは容易でない。しかも農業ビジョンンを論ずるのもさらに容易でない。それは地域差共通項目論でなければ意味がないからである。地域各差が大きくずれるにしても技術論を欠いては意味はない。生産性を高めるかどちらを重点とするのは食糧問題であって人類と共に高めるか分岐点となる。食糧を如何に確保していくかはもっと重大な要素であるからである。

農業は本来強い地域産業である。それを算出高＋土地生産性＋労働生産性（1人当たり）を農業とみる必要がある。県内最大の果樹はシークワーサー3289t、マンゴー1793tだ（2018年）。

ここで沖縄に優位性のある植物は何かと言えば、価格的にフルーツ類であるが経済の基礎である一次産業を如何に成長産業化するか大きな問題である。答えは単価の高いフルーツ栽培で沖縄作物は次々本土にとられマンゴーはいつの間にか宮崎県にとられ、いまではマンゴーだけでなくゴーヤー、タンカン、も取られている。

そこで沖縄でしかできないアルカリ性土壌（島尻マージ＋ジャーガル）を好むトマト、メロン、などのフルーツがある。第2章でも触れたが、アルカリ性土壌の「水溶性カルシウム」の存在である。日本の酸性土壌は火山性の岩石が風化したものｐｈ3～4で、アルカリ性土壌は石灰岩が風化したものでｐＨ7以上でカリフォルニア、チリ、メキシコが主要地である。

島尻マージやジャーガルは地中海沿岸やカリフォルニアに近い。それはアルカリ性土壌で水溶性カルシウムのため「好カルシム植物の」栽培には最適の土壌であると言われる。そのためフルーツの改良前の品種を栽培しても本土のような「カルシウム欠乏症」（キャベツ、レタス、ハクサイなどにおきる尻腐れ病）は発生しない。従って地中海沿岸やカリフォルニア州と同じくメロン、トマト、マスカットなど世界的最高級のフルーツの改良前の品種がそのままで常温で栽培できる。

またマンゴー、パパイア、バナナなどの熱帯フルーツが昔から栽培されている。沖縄は中緯度で有りながら高温多湿でありカリフォルニア・フルーツはダメだが地中海の改良前の品種と熱帯植物が栽培できる有利性がある（沖縄野菜研究家の島貫正昭氏の研究による）。

（4）土地に依存しない農業

一方、野菜栽培の空間を決定するのは土地面積ではない、機械化でもない、土壌でもない、ハウスでもない。それは光合成を究極に求める光の空間であり、栽培のロボット化であり、土壌に代わるヤシガラ等の無機質培地（ロックウールやピートモス仕様であり）であり、その機能の工場化である。栽培養分は化学肥料ではなく個性的な養液栽培であろう。

化学肥料の代わりに微生物肥料（窒素の固定化、不溶性リン酸の吸収促進する土壌菌など）の研究もある。これからは土と水から離れた物理・化学的農業、あるいは土耕栽培から「光合成」の環境制御による人間労働のロボット化、季節に左右されない、台風に影響されない工業農業、工業化経営への移行である。

沖縄農業は露地に這わす低段密植（病気、害虫の被害の回避）から高軒高、多段密植化による容積（㎡）当たりの管理による今の何倍もする植物の生産方式（オランダ）に移行し、最高成長性を狙った「光合成」に目を向けた栽培方法が必要である。成長要因は植物の葉の「栄養成長、或いは果実の生殖成長」を目的に、光、CO_2、水、空気、湿度、温度や溶液などセンサーを活用した植物センサー、気象センサー、照度センサ等によるＩＴ化制御したクラウド農業である。それによって互いの相互関連性や成長の内容や程度が明らかにされる（4章のクラウド農業参照）。狙いは沖縄農業の量産化による加工農業か、移輸出する競争できる農業（国際化）への転換である。でも間もなく果実や花もミクロン単位でＡＩ（人工知能）化でコントロールする時代になろう。

（5）経営上のメリット

植物が育つとは何か1章で取りあげているが経営の観点から検討すると日本は農業を輸出産業として取り組む姿勢だがなかなか進まない。

オランダ人はCO_2や光を植物生産の原料として、さらには湿度・温度もそれに含めるが溶液肥料の点滴装置以外はすべて自然のただのものである。土・水・化学肥料をガンガン投入すれば植物は育つというのは日本人の誤解ではないか。

植物は光合成活動によって育つもので葉の気孔活動を無視した栽培はムダで産量は少ない。気孔活動が停止すればどんなに水や肥料を投入しても植物は育たない。根っこから吸い上げた水は葉っぱから同じ量の水分が出ていく。また前にも触れたがCO_2濃度を外気の濃度の300ppmを3倍上げて、1000ppm程度で制御していけば成長が12％増大し、光の明るさを1％増やすごとに産量も1％増大するという研究成果に基づいて野菜・果菜を生産しているのがオランダである。

しかもトマトなら生産量が日本の3〜4倍で300坪当たり年間100トン、沖縄8トンの約12倍である。植物環境制御でそれを達成している。栽培空間が平面というとらえ方ではなく立体という空間でのとらえ方なので政府でいう米国やオーストラリア等と競争できる。葉野菜類は低段密植の一段栽培だが、トマト・ナスなど果菜類は軒高7mの高段密植栽培が可能である。空間の活用である。この方式でオランダは野菜産量の80％、トマトなら95％が輸出という国である。

3　今日の都市化する農業

地域おこしをしている人々、失業者の多いところ、荒廃都市化しているところ、廃業化している企業の多いところで農業が大きく変わってきている。植物は都市で作る時代に、都市でしか作れない農業になってきた。運ぶコスト、時間とエネルギーのムダのない農業は都市の地産地消にしか成立しない。そこで農業の都市化・植物工場化をみると、

（1）世界人口は大都市に集中（80％）し、経済が発展すればするほど都市化する。しかも先進国になればなるほど高齢化に向かう。そのため耕地面積は縮小し灌水資源の枯渇が目立ってくる。日本では人口減少と高齢化は同時に進行しており、経済の低迷による失業者の増大と社会不安の増大を引き起こしている。（第6章参照）

（2）第1章でも触れているが何故植物工場化かというと、就農者が高齢化して

いっても産量は露地栽培の4倍の生産性を維持し、価格競争に強いということに重点が置かれる。TPP化等でも多少のコスト高でもカバーできる。競争できるという仕組みができるということである。導入時はコスト高でも本各的工場としての在り方は全体が有利に展開できる。

（3） 一方では都市型農業、農業文化の都市化への展望が求められる。

高齢化（65歳以上）の増大は働く人口の減少に抗える。農産物を造らない人口が増え、運搬・輸送問題が大きな問題になってきている。遠距離、空荷輸送、そのための運ぶムダ、輸送中の植物の痛みで豊かな生活が維持できなくなっている。当然に高齢化は都市に集中する傾向が強く精神的孤独死問題も提起されている。エネルギーロスも大きい。もはや郊外で従来型の農業ではなく都市に農業が集約される時代になった。

（4） 沖縄など離島県や産業後進地域が公共工事などで相当の都市化が進行する中で大都市圏とは異なるモデルにより地域産業と地域社会の振興を図るとしたら何を出発点とすべきか。新しい時代に活力ある地域産業と地域社会を造るために必要な条件は何か。

第1の条件は大都市圏の情報収集・分析と時代変化の判断力である。大都市圏は趨勢で変化しており常に新しい価値が創出され新しいビジネスも生まれている。基本的には新聞紙上等で入る情報よりも直に東京などを訪ねていろんな人と出会い自己に有利な環境変化を感じとっていくことである。東京などは「変化の場であり変化への加速度をつくり出す装置である」。このため新しい市場が生れ、その新しいものを供給する重要な市場とも繋がっている。このことで経済は活性化しているのだからビジネスなら当然に有利になっているはずだ。

そこで沖縄サイドからみて可能性のチャンスをつくりだし、その変化をつくり出している国際社会の変動も把握しつつ判断する能力が要求される。だから逆に沖縄から健康を提案するチャンスはいくらでもあろう。

4 レジャー農業の出現（6次産業化）

「TPPに参加しようがしまいが農業は衰退していく」と言われる。その展望がテーマである。

農業・農村はその就業人口の減少、高齢化及び放棄農用地の拡大という現象を伴って衰退していく。経済成長がある段階を過ぎると農産物の生産、販売による収入のみでは農業の維持は難しく、農業そのものも都市化していかざるを得ない。都市化住民を農村に呼びよせ、農業体験や農産物消費してもらい農業・農村を楽しんでもらうことによって農業の新たな振興、及び農村の活性化を図ろうとする。これが農業のレジャー化である。

この農業のレジャー化によって新たな農業の生き残りを探る動きが活発になってきて農業の質の転換が始まっている。従来の農産物だけの生産・販売で収益をあげる産業ではなく都市住民のレジャー対象の対価を得る産業、レジャー価値の創造を狙う産業に代わってきたのである。一次産業の農業から「農業の三次産業化」、あるいは「脱一次産業化」への進展である。農業体験についても、もぎ取る、摘み取り、などの部分的体験から耕耘、播種、育成、収穫など全般的な農作業体験へ進み、地域特産化への加工、調理の体験へと進み農業の副次的機能の増大が可能になる。農産品のブランド化に直結するのではと思う。

レジャー農業は必ずしも大規模な農地を必要とせず山林その他を利用して環境教育、景観や郷土料理の提供、農村環境の中での娯楽の提供が可能になってきた。またブランド化も注目されるようになってきた。

独自のアイデアを活かして農業の展開ができるようになったため都会から若者が戻りはじめ農業後継者も増えて地域の活性化が進んでくると脱一次産業化の進展である。農地所有に頼らずにレジャー農業が可能になってきたのである。

これまで説明してきたように観光と農業の接点を深く研究して農業に不向きな土地を観光に結びつける。そうすればブランド化＋流通販売を狙う地域商社の構想が注目されている理由である。

観光をレジャーとしてとらえ、農業を「農」と「業」に分離していく

↓

農業＝健康＝観光の結びつきを求めていく農業は左記の筋書きで進展

↓

田園景観
自然生態
環境資源
を利用して

農業、漁業、畜産
農業経営活動
農村文化活動
農家生活
を観光に結び付け国民に農業と農村体験を提供することを目的とする農業経営である。

注意すべきは「業」というビジネスではなく「農」というレジャーに注目した農業になるということである。具体的に示す。

農業生産と農業体験活動の結びつき

育苗、植え付け、栽培管理、収穫、加工などを観光客に提供し、農作物と田園の楽しさを体験させる。

①農業文化と農家を体験する

農村の朝、古い建物、古跡、農業博物館と各種の文化財展示場、歌、農業博物、染め織物、なども農業観光、レジャー、レクリエーションの項目に入れる。牛車に乗る、沖縄ならエイサー、綱引きに参加となる。ユイマールへの参加である。特殊な民俗的催しへの参加。これらは全て農業の文化であり総合的農業といえる。

②一種の農業経営

レジャー農業は環境、田園、農産業、生体と文化資源を活用して都市と農村の交流を増やす。都市に住む市民に農耕、観光、レジャー、旅行と体験アクティビティ、に参加させると同時に、農家産業の経営方式と農村生活の体験を認識させる。如何に経営者を育てるか。

農業のレジャー側面に目を向け農業をレジャーの対象にする。農業を農産物の生産及び販売による収益を上げる産業ではなく都市住民のレジャーの対象として、レジャーの対価を得る産業に農業の質を転換させる構想である。このことで島嶼や中山間地の農業の振興と活性化に繋げていくことが出来る大きな意味をもってくる。そうなると「農業をレジャーと関連して」レジャー農業を位置づけることができる。

例えば、素朴なカントリー文化の生活体験である。1日をつかった児童に田植えから収穫などの稲の一生と伝統的なコメ食方法のＤＩＹ、サマーキャンプ、農業体験、飲食、宿泊、農村生活などに対して、楽しみながら学習成長するようになってくる。

最近の日本では農業と福祉活動、農業と宿泊、農業と体育学校・健康活動、サービスによる農村の「村のイベント」や「村の行事活動」、などが地域創生につながるとして政府も積極的になってきている。

5　都市化と人口増

これからの農業は都市化がリードし、かつ都市を前提に成り立つ事業である。都市人口が増加するに従い農業は成長する。米国は1985年以降人口を増やし経済の成長を図ってきた。多くはヒスパニック系の流入だが流れはリーマンショックのころまで続いた。

人口の増大するところに経済は成長する。シンガポール然り、香港・台湾などは人口増に比例して農業も成長してきたのである。人口増は同時に所得増の理由にもなっていく。シンガポールは沖縄の一人当たり所得の2・5倍、バリ島2倍、香港3倍、台湾が1・5倍の成長である。しかし沖縄は経済構造が不備で人口増は見られるが所得は一向に増えない。最近毎年何百万人という観光客の流入があるが一人当たり県民所得増につながらないという構造上の問題がある。あるいは前にも述べたが2022年農業所得の34・9％しか本来の農業からの所得でしかない。つまり人口増は農業所得に反映されてない。農政の構造問題である。観光客の飲食はおよそ900億円あるが県内農業には貢献してない。

6　台湾のレジャー農業

レジャー農業が最も発達しているのが台湾である。農業が農産物の生産、販売によって収益を上げる産業ではなく、都市生活者のレジャーの対象になっており、その対価を得る産業になっている。レジャー農業への農業の転換に成功している。台湾では現在、20余カ所でレジャー農業が行なわれ、規模が大きなところは、200haもある。従来の食料生産という神聖な産業から離脱して都市住民のレジャーを対象した産業に大きく変身した巨大6次産業化である。新しい概念の自由農業で新産業ともいえる。新たな農業の開拓、時間に縛られない世界農業かもしれない。

台湾のレジャー農業について説明すると、働くのは東南アジアの都市の華僑の子弟たちであり、農家は土地所有の経営者に代わる。年間2000万人の都市農業者が海外から押し寄せる。年間収入は約４００億円、沖縄のさとうきび生産の約3倍だ。これまでの農業者はカルチャー（レジャー、サービス、遊び）を提供する経営者に変わる。主役の交代で農と業が分離すると農村に人々は居なくなり、風景だけは残る。これが新しい農業の始まりである。

台湾のレジャー農業の客の多くは観光客ではない。東南アジアからの華僑外国人であり時限農業、時限農村の形成である。家族や小集団によるレジャーで3日は学修、2日は実際の種植え苗づくりという自然エネルギーを人間の生活に変える楽しみである。あるいは1日を使って児童に田植えから、収穫、稲干しなど稲の一生を勉強にあてる。

例えば宜蘭県の頭城農場は80ha（24万坪、農業はタンカン、オレンジ、金柑、野菜類、サトウキビに10haが植えられ果物狩り、野菜摘み、筍採りに足を入れエコロジー農業を実現している（「世界の最先端を行く台湾のレジャー農業」、東正則・林梓聯編著、東林統計出版）。

台湾政府の公式統計で年間の訪問客は1850万人に達し、海外市民客が多数を占める。未公認農場を含めると市場規模は数倍という見方もある。都市化が進むなか農村経験を全面に出すことでビジネス展開に取り組んできた。

ある農場は100名部屋があり320人が宿泊、香港、シンガポール、マレーシアなど7割が海外からのお客さん。無農薬で栽培できる果樹を植え、ホタルが飛ぶ環境を整え、夜空に飛ばす中国式ランタン、竹細工の工作実習、伝統芸能を準備し子供たちが安心して農村生活を体験できるプログラムをつくった。宿泊料は2人部屋で7000円前後だという。

人口減少社会では農産物の生産及び販売によって収益をあげる産業ではなく農業を都市市民のレジャー対象として、レジャーの対価を得る産業とした大きな農業の質の転換する時代である。高齢化や農業人口の減少によって従来の農業が維持できなくなってきて農業の停滞や衰退を招来しており農業の構造転換が求められているのである。さらなる発展として農作物による景観的価値としての環境機能、文化保存機能、教育的機能、郷土料理の提供機能がレジャー農業に求められている。

本章では台湾での経験もあったのでレジャー農業に注目した。他の植物に注目するならば、例えばワインを観光に活用するとすれば、観光客などレジャー農業者はブドウ園やワイナリーを訪れ、生産環境と生産者の想いやこだわりに触れ、背景にあるストーリーに共鳴する機会をえる。この共感が生産物に他とは異なる特別な意味づけを与える。こうした流れを通して産地名がワインの商品価値を増幅させるブランドとしての役割を発揮するのである（日経より）。訪れた地域で生産物のストーリーにふれ共感することは、地域生産物のブランド構築に繋がる。観光を通して地域生産物の価値が高まり、それを選択、購入する理由に繋がることが期待できる。これら全て観光という人の集まる事象にビジネスメカニズムやビジネスシステムを構築することに他ならない。

7　農耕文化の経済的側面

(1) 復帰後の都市化への対応

近代化が達成されると経済のボーダーレス化と地域主義は共通に表れる。経済のボーダーレス化、情報のグローバル化が進展してくると近代国家概念が崩れ国内の民族や地域がその地位向上を要求するようになる。スペインのカタルーニャ、バスク、カナダのケベック州やカウンティが好例だ。

国境を越えて地域経済圏が形成されてくると経済は地域単位で政策を打たねばならなくなる。経済は地域と同格に動いていく。地域行政が中央指向すると地域振興の限界が見えてくる。その中央指向には限界があるということは「中央は救心力を求めるが経済は遠心力を求める」ということである。必要なのは国家としての対応ではなく地域ブロックとしての対応だ。従って従来の政府の内需拡大では地域経済は成り立たなくなりどうしても自由化と規制緩和は強く求められるようになるのである。

都市化は効率性、普遍性、画一性を目指すが地域は効果性、個性化や文化性、人間として成長、人間としての豊かさの蓄積を求める。従って地域は都市と交流を深めながら、それを前提として伸びてくるものである。

沖縄の公共投資による関連産業の都市化への集中、復帰当初から5年間、既存の低い失業率社会が崩壊するのは自然だった。あるいは何らの手当も受けず、一方の経済的特性は無視され、沖振法上の歴史、文化、風土、地勢気候の特性は生かされず産業化も考えず単純に土地利用型インフラ産業に傾斜するだけで、商業的農業など振り向きもされなかった。

(2) 耕すことを文化という

人間が農耕によって生存していることを文化という。

農業を文化として捉えると、それは、栽培生産(耕作)することが文化である。

従って植物を栽培することが農業であり、生きている文化財を祖先から受け継ぎ育て、子孫に渡していく作業を生涯を通して継続耕作していくことが農業というものである。「農が消費であり業が生産」する文化と言われる所以である。農耕文化をよく理解するには、中尾佐助著「栽培植物と農耕の起源」が参考になる。農耕文化の特徴、農耕文化の起源は植物が栽培されるようになってからである。

1）：ゴーヤー・ナーベーラー・シークヮーサーはサバンナ農耕文化から生まれ動力として家畜は使わない文化といわれる。

2）：バナナ・サトウキビ・ヤマイモは根栽農耕文化と言われ、鍋を必要としない文化といわれる。

3）：一方、コメやムギなど穀物類は地中海農耕文化といわれ、毎年生産できるように技術開発してきた。成長し家畜と鍋を必要とする文化と言われる。

これら農耕文化の中で「草類と家畜と人間」の三角関係が成り立つ、というわけである。野草は一年生植物と同じ雑草となり年単位を繰り返す。野草から雑草へ、採集から耕作へ、多年草から一年草へと栽培植物に進化して本格的農業に成長するのである。一方、雑草は人間のつくり出す環境で生ずるので人間の文化とともに地球上で伝播していく。

（A）「穂に触れるだけでたちまち穀粒はパラパラ地上に落下する」。これを粒の脱落下性というが、そのことが植物栽培の分岐点になる。竹籠を持って「野性イネが群がって穂を出している中に入れ込み叩きつけるように水平にすくい上げ籠の中に脱粒した粒を取り入れる」。しかも野草は多年生であるから同じ方式で毎年必要な分だけ取り入れる。アメリカインディアンに今も見られる人類最初の禾本科《かほんか》（イネ・ムギ・ススキ・トーモロコシ・竹などの総称）の収穫風景である。しかし、早めに収穫したい、また成熟が一様ではないから収穫にバラつきが出る。そこで未熟時に比較的穀粒が揃っている時に根刈り取りする。これがパラパラという「穂刈から根刈への」青田刈りの方法である、或は脱落性から非脱落性への進化である。これが今の農業へ進む道になる。

（B）農業の形成。草原の中に草食動物（牛や羊）が入り込み「草食獣の食べる草の量が野草の生長と比例する時、野草は一年生植物になり栽培植物に成長する」。

この草原はアフリカサバンナ地方の原始人には食物に恵まれた豊かな生活地域と考

えられ、これが採集から耕作のヒントになり一年生化され栽培されるようになったのである。つまり雑草は人間の作りだした環境に生ずるもので人間文化とともに伝播していく。しかもここでは家畜が大きく関連してくる。地球上では雑草は多年野草よりも地理分布し広がる。遊牧民のケースでは人間が定着しないのでまた元の野草に戻ってしまう。

この雑草群の中にムギ類が入り込むとそれはもう農業に近くなる。麦類はこのように変化したとき、つまり改良され遺伝的変化して農業開始の状態に達したと見るのである。土を耕すという農業が成立するのである。根菜農耕は豚と鶏を家畜とし、地中海農耕は見事に牛・馬・山羊・羊・ロバを家畜化して一年生植物を作り上げるである。

一年生植物が栽培植物になると量産化、開花の同時化に目を付けて、毎年同時期に刈り取るように家畜の一年生も活用して人工的に収穫できるようにしたのが今の我々の食する栽培する植物というのである。逆に栽培とは野生から一年生だけを安定した作物を作り続けることを言うのである。全ての野生を栽培化し人類にとって有用な植物を養育することが農業といわれるものである。この事実は農業がどんな過程で始まったかを考察するのに重要な手がかりとなる)。

(C) 古代黄河文明を築いた雑穀はムギ・アワ・キビである。多くはインドやサハラ砂漠以南を起源とし一年生の比率が高く最初から栽培化されてきたものもある。雑穀は全て夏作物である。同時に多年生だ。栽培化されて一年生になるもので日本のように温帯ではアワ・キビ・ヒエは夏作物だがムギ類は全て冬作物になる。その特徴はインド・アフリカまで共通し夏の高温だけでなくアジアモンスーン雨期の作物で、モンスーン農業の穀物といわれる。特徴は個々の粒は小さく穂が大きい。禾本科の雑草の種子はどれも集めて加工すればすべて人間の食料になる。

8　最近の政府の動き

（1）日本の農産物・食品の輸出促進

観光化する新たな農業の形成を、安倍政権は農林水産物・食品の輸出額の拡大を農業の成長産業化に向けた成果として強調し位置づけて来た。マーケットインとして輸出先の食文化や要望に合わせて商品をつくることの取り組み。スーパーが出している「焼き芋」をみればすぐに納得する。台湾から生焼のイモを輸入して再度ヤキイモに戻すことによって粘り強い菓子同然のヤキイモに変身するやり方で全く違う商品に代わる。逆に生産地ではブランドの形成強化策が進んでいる。日本の農水産物・食品の輸出額は２０２１年の１兆２３８５億円、うち農産物は８０４３億円、水産物３０１６億円、林産物５７０億円、他７５６億円、うちアルコール飲料や加工食品は57％を占める。2025年には2兆円、2030年には5兆円（加工食品2兆円、農産物1兆円、水産物1兆円）を予定している。

（2）農福連携・農泊振興などの支援拡充

「農業の福祉への参加」である。政府が2019年にまとめた農福連携等提携ビジョンでも福祉側の主体性を広げようと「高齢者や生活困窮者や引きこもり状態にある者など」の就労・社会参加の機会確保に向けた支援の必要性が示されている。

農泊地域の支援：新型コロナウイルスによる需要の変化を受け旅先で仕事をする「ワーケーション」の受け入れ環境の整備や、地域の食や景観を活用した集客を後押しする。インバウンド市場が消滅する中、地域がより多様な需要に応えるようにして集客力を高め休暇を楽しみながら新型農泊に取り組む新型コロナ対策も進んでいる。

（3）コロナ禍の対策

多面的機能の産業化、農業の非競争的側面の機能の活用で観光向けのサービス事業化の側面も強く持ち地域の文化活動や、農福連携、農泊産業化、レジャー化、季節ごとの祭りなどが盛んになってきた。前にも触れたが、それは農業の多面的機能の1つである。障害者中心だった農福連携に高齢者や生活困窮者の参加が出て来た。農業を通じて健康になったり、就労したりすることで地域にもたらす効果は大きい。生産基盤の維持強化が課題になってきたが多様な担い手として誰にでも活用の場を提供できる農業の価値に繋がっている。

（4）関係人口の地域活性化

多様な関わりをもつ人の位置づけ、棚田でも豊作作業に参加し景観の全てに貢献するなど関係人口が生み出す効果が期待される。観光化する農業に以下5つパターンがあるとし、国土交通省は1827万人を以下のように分けている。直接寄与型（町おこしの企画、ボランティア、農地・水路の保全など）628万人、就労型（地域で副業、農林水産業への就農、援農）109万人、参加・交流型（交流やイベント、体験活動への参加）406万人、就労型（テレワーク）、181万人、趣味・消費型500万人など地域により深く関わる人口を発表している。

第6章

都市化が
沖 縄経済をリードする

1　都市化と経済

人口が増えることを都市化という。技術開発や文化は人間の交流から生れるがそれは島ではなく都市に生まれる。沖縄の最近の人口の集中度は中南部に82％で都市化は急激に進んでいる。都市化が進むと必ず中小企業層が増え失業率が低下する。人口が増えてくるとデザイン開発、マーケティング開発、あるいは印刷・製本、沖縄ウエア、島牛皮を使った太鼓、又は飲食加工、化粧品、農水産業、倉庫・運送業等の中小企業が生ずる。

県内で目立って増えてきたのは最近の人口増に伴うサービス産業の沖縄進出である。それらは本土の各地の人口減少や高齢化に伴う銀行や、交通サービス業、法律や会計システムなど高度のサービス業などの県内市場への進出である。これは確実に県経済に構造的変化を与えている。

一方、沖縄の未来を決定づける最大の要因は良くも悪くも「島嶼」という概念だ。

中世時代になってこの「島経済」から脱し生活を確保し海外との交易を維持するために我が先達は海外に存在を求め大交易時代なるものを築いてきた。物理的島という枠組みにより交易都市という高度の文明のある島（都市）を築いてきたのである。

その時、琉球の人口は約12万5０００人（奄美を含む）、首里、泊、久米、西町にその60％が住んでおり40％が各港や首里の背後地（南風原、西原、真和志地域は天領地）や各地の田畑、魚港等に住んでいた。それでも江戸10万人、駿府13万人、京都37万人、大坂20万人、琉球は決して小さな都市ではなかった。それを支えていたのは交易という通過、中継、中継加工という国際取引だったのである。しかし薩摩侵略以降交易事業は取り上げられ代りにモノカルチャー農業が導入されるのである。それでも沖縄に農業が定着するのは２００年後の１８００年代だ。しかし本土の言う百姓は存在しえなかった。

本土の百姓は自営業で事業を営むことが出来た。一部では酒造業、金融もやれた。江戸時代を通じ近年の沖縄は本土のようにコメ中心の複合農業ではなくヒエ、アワ、サトウキビのモノカルチャー農業に近く、そのため経済を成り立たせる自百姓は生まれなかった。大坂市場との交易も禁止され、金融や流通の都市化も阻まれ、経済は衰退し困窮の時代へ突入するのである。以降思考するに明治の日本国化後も、そして今の復帰後も島概念に縛られ支配され技術開発や産業も振興されないまま経済を続けているのである。

しかし近年の米国や３０００年の中国の経験は「人口増は経済成長をリードする」ことを教えてくれる。１９７２年の復帰以降沖縄は人が集まる条件は生まれつつあるのに農業から都市化に進行せず「土木産業」に走ったのである。今では沖縄は低付加価値の観光やクラウド農業やＩＴ農業が導入されるが、もっとも高付加価値の見込める産業構造ではない。入域観光客の数も毎年５００万人、６５０万人と連呼されるのに1人当たりのＧＤＰが連動しないというジレンマに陥っている。

なぜ地質学的に土地生産性の低い土地柄に王朝が成立し得たかというと人間集積と物の交易による富を築いてきたからである。

今がチャンスで島概念から脱し都市化経済を築くときかもしれないが、残念ながら現県作成による「21世紀ビジョン」の対応策では、「島概念」から脱した「都市化経済」への転換になってない。あるいは都市を背後地にもつ農水産業をベースとする

「ものづくりの島嶼経済」にもなってない。経済が発展する仕組みになっておらず、都市化経済の方向に沖縄経済がリードされてないのだ。

＊都市化とは国連統計局（ＦＡＯ）で人口４０００人／㎡以上で、日本は66％となっている。この規定に従えば沖縄の41自治体のうち28自治体が都市化し人口の68・２％が該当する（２０１０年）。文明は交易から起こるとは司馬遷の「史記」に見える。中国王朝は最初から流通業の頂点に立つ人間であった。王朝はマーケットの支配者であり、人間の集まるところを城壁で囲み市としその連合体を国家とした。その周辺に農業が成立し工業が付随する仕組みである。好例は１９８０年初頭、人の集まるところを市とし街とした深圳市（人口２００万人から１４００万人に成長）で今日の中国経済をリードする、スタート時４カ所の経済特区であった。

2　都市化が沖縄経済をリードするとき

沖縄の発展には「島概念」から脱し、都市化現象を牽引するものにしなければならない。島のままでほっておいては単なる人口密度の高い島であって発展には限界がある。各島々は放棄されたままのどんぐりの背比べで何の手立てもないまま散らばっているに過ぎないと言うことになる。

沖縄の最大の問題は人口増に見合った産業がうまれてこなかったことだ。自からは自由貿易体制（全県自由貿易）にアプローチできず、やってきたことは全てインフラというハコモノづくりにすぎなかったのである。豊かさは創造できなかった。理由は観光やＩＴでは人口増に見合う生活を豊かにするには限界があるからだ。

すでに述べたように都市と農業が共存しない限り島は絶対に豊かになれない。島の農業は自ら消費地を求めて動かねばならず、またその逆も真の都市化は自ら生活物資は作れないため都市化できず発展もできない。島嶼経済とは本来、実態は農業経済の仕組みであり香港・シンガポールの初期の経済の成立ちを学び沖縄を都市とみて開発・人口集積させるのが今後の方向である。

2010年から始まった現行の県「21世紀ビジョン」に描かれている抽象的「島概念」（正確にはモデルもないし、定義もない）では今日及び将来を豊かにする沖縄は見えてこない。また復帰50年、総額13兆円超の沖縄振興資金を投入しながら経済が自立できていない。海外との貿易取引の弱さか、あるいは物理的島の考え方が沖縄自体の発展を阻害しているのか、又は規定しているからであろう。

沖縄の人々の思考、生活、経済を規定する要因としての人口増、老齢化の進行、所得・性別・地域の格差、米軍基地などは今後も変わらないが、現実には人口の流れは那覇中心（22・6％）に動いていており、中部4市が加わると55％の人口が偏在する都市化現象になる。沖縄自身が内部的に変化しつつあるのに依然として「島概念」から脱し得ず変化を捉えた取り組みになってないところに従来からの沖縄振興の限界がある。

3　深圳市とハワイの都市化

（1）深圳市の成り立ち

筆者は深圳市の成り立ちを（社）県工業連合会の広州市事務所に通っていた関係で毎年見て来た。最初に見たのは観覧車の公園だった。

来園者人口を増加させる方法はイベントをやる。遊び場や遊園地をつくり人を集める。注目されている遊びの仕組みである。その集まった人々に対し組織的に包囲してイベントを打つ、弁当持参でも集まる方式を打つ。台湾や香港では初期の公開上場企業の株式掲示板を見ながら株の売買をさせていた風景を思い出す。あるいは幾種ものゲームや賭博場を併設する。それでも出来なかったら移民・居住させ、所得が発生する仕組みを考える。次は団地化を図り、集まった人々に対し資金の貸借を図る。ともかく行楽街をつくる。街では何が行なわれているか、多くのまつりや人間の生きざまを披露していく。対して近くに青果市場をつくり野菜やさかなの市場を準備する。そのための総合的に機械設備を装置し産業化する。この食品を加工・製造して展示販売する。街の道路、港湾、水道インフラは英国式BOT（built to transfer）で整備する。これが深圳の経済特区が中国経済をリードする方程式である。

（2）深圳市の観光に対する考え

沖縄経済は観光化の方向で進んでいる。しかし、これまで歩んできたのは県民所得と無関係な観光である。観光客の増加は県民所得と無関係なのか、反映されない。なぜか、沖縄は言うまでもなく遠隔地の島々から構成される島嶼経済圏であるため人口の増加が考え方や生活まで規定し、経済構造をも規定する。どの方向に進めるべきか、そのモデルを構築するためにハワイ、バリ島、シンガポール、香港、台湾など島嶼等を調査しそのデータをベースに未来沖縄を提起した。

一般に島の経済は換言すれば農水産業、つまり農業である。農業が成立するためには背後地に必ず都市という消費地を必要とする、それはすでにのべた。従って島経済を発展させるためには島と言う概念から脱出し人口を増やし都市化を模索しなければならない。あるいは島を中心に都市化していかねばならない。人口増で島をどう都市化するか、同時に、一人当たりの所得が増加するにはどのようにしていかねばならないか明らかにしたい。

（3）ハワイ観光を産業としてみると

ハワイを例に見ていくと島嶼経済を観光で構築するのは簡単ではない。農産物づくりによる産業構築はさらに難しい。インフラは地元の産業振興というより外部資本のための投入だからだ。

①　観光地域の物価や生活の価格は各主要都市より安価であることが妥当。例えばハワイなら50％が妥当、沖縄より何が安いのか探すのは苦労する。食べる楽しみの中に普段食べているものをより安く食べられるということもあろう。普段食べられないものを豊富に食べられると言うことも必要であろう。だから物価は安く、食材は豊富でなけれ

ばならない。沖縄は四方を海にかこまれながらシーフードレストランさえないのである。

② 観光客の質が違う。厳密に言って消費者、つまり豊かな生活者、金持ちがハワイに来ているのではない。都市地域を離れて生活しに来ているのだ。いわれている遊びに来ているのでもなく非日常の生活空間を求めてハワイに来ているのである。つまり都市生活者が各国からきているのだとみる方が正しい。だから安い費用で最大の高価を期待するムキや生活心理が成り立っている。文化を求めているのだ。都会に文明はあるが自分を映すことが出来ない。文化なら自分を映すことが出来る。文化をベースに自分が映せる。これが観光だ。

（4）ハワイはモデルにできない

ハワイは決して沖縄が目指すべき島ではない。今ではハワイには「ものづくりに立脚した観光モデル」は見当たらない。たまに行くと完全に日本の植民地みたいだ。特に人間の集まるところは日本の資本の支配とするところ。商店街、ゴルフ場、食堂、デパート、スーパー、さぞハワイの住民には苦々しく思っているだろう。観光客の殆どが日本人であることも問題。景気の可否も完全に日本に振り回されている。

観光産業の立脚を主張する沖縄はハワイから何を学ぶべきか。考える前にハワイの経済構造を研究しておくべきである。ハワイの産業政策の失敗は「ものづくり」を止め、中小企業や若者を本国に追いやったことにある。今ではパイナップル、サトウキビ、コナコーヒーは極端に少なくなり野菜類までも生産出来なくなっており、結果、住民所得は低下、生活が維持できない状況だ。そこで沖縄のモデルになるのは人口・所得とも沖縄の2倍もするインドネシアのバリ島であり、産業構造的にはシンガポール、香港や台湾であろう。

＊ハワイの世帯収入は高くても個人の給料は低い。2014年から1人当たり給料は＄4万5210で全米平均12％を下回るが世帯収入は＄6万9210で全米平均の29・75％増だ。この違いは世帯収入だけみるとハワイは2世帯～3世帯家族が多く兄弟合計の数字だ。同居しながらでないと暮らせない。個人の低い給料では生活ができないという（ハワイ州政府発表）。

4　バリ島の都市化経済

(1) 島嶼の発展

島の発展は都市消費者を前提に成立するもので、それ自身の発展というのはない。個々の島を巡ってその経済の成立とか、どこも農業を両立させることは容易でない。成功しているのは都市と関連して栄えているものだ。都市とはバリ島のように観光都市もあればキューバのように農業都市もある。観光都市の場合は独自の歴史・文化をその根源とする都市。あるいは文明をベースとする近代都市(高層ビル・産業技術・高速輸送など利便性や豊かさ追及する都市)、あるいはスポーツイベントや憩いをベースとする都市、あるいは健康や癒しをベースとする都市などたくさん想定することが出来る。

このような都市市民と融合する島（または農業）でないと経済構造は構築できない。しかも都市消費と農業地域は密接に関連する。この場合にはその間に物産産業（例えば食飲料、手工芸、織物染色、酒造、訓練所）が生まれるということだ。その次に前述の都市型産業が生まれる。それは多くの小規模零細企業群を生み出す。

ハワイを失敗といったのはそのバランスの問題である。都市市民の消費と農業住民の供給がバランスしない場合に起こることである。観光地では農産物はレタスやホウレン草などの新鮮な野菜は3〜4時間以内に店頭に並べられるかが勝負となる。農業は一種装置型産業に似ており距離だけが新鮮野菜の競争条件となる。

（2）バリ島の都市化と観光

バリ島の国際都市化は観光を通して実現されたが、実は背景にコメの生産という巨大農業があった。何処に行こうが、どんな会社を訪ねようが、我々の視点はこの地域の、あるいはこの企業の成り立ち、とりわけ経済ならその地域や、企業ならその経営の成り立ちという視点から考察しなければならない。先に触れたように「食料背後地があれば都市が生まれる」の好例である。

２００9年の夏、ちょっと遠くまで出かけようとなってインドネシアのバリ島（テンパサール）まで足を運ぶこととなった。目的は島々の経済の成り立つ姿である。狙いは観光地としてブランドが先行している同島の視察研修であった。

愛知県くらいのバリ島は人口４００万人、99％がヒンズー教である。ブランド先行により観光リゾート地として国際的に知られているが、実際は３２４７ｍのアグン山など山々を聖地とする農業経済を主体とする地域に人口60％が暮らす山岳島である。ビーチで最も長いのが３０００ｍ、ジンバランビーチと呼ばれ優に３０００人のビーチパーティーが出来ることがこの島を観光リゾートとして有名にしている。１９８５年頃から観光リゾートに取り組みインドネシア国家の観光収入の30％、同島ＧＮＰの40％を稼ぐインドネシアでもっとも高所得地域となっている。

山々を神聖な聖地とする社会で、住宅の門構えから島民の集う集会場には山をかたどり、敷地内には北東に向かい山をイメージする内寺という、１ｍほど高さの台地をつくり拝むことによって神に近づくというのである。建築物も同様な思想でデザインされて造られているのが特徴的である。宗教的、思想的にもヒンズー教を頂点とする世界観であることは言うまでもない。人口の60％が山々を取り囲むようにその麓に住み、コメの三毛作を可能とすることで島の経済を成り立たせる。

観光リゾートを中心にした都市地域に57万人が住み都市開発が大々的に進められている。今は第三段階目にあり、外資と組んで国際クラス4星〜5星級のホテルが建つ。平地を這うように椰子の木の高さ（約4ｍ）を限度に、大きくて15 ha、一般に3〜5 haの敷地に建設されている。高さ4ｍの制限のため地下を活用する構築物ができ、コンチネンタル級やブルガリーホテル級がまるで集落を形成しているみたいに立地している。

都市開発の歴史はサノール街、クダ街、アルパトウ街となるが、いずれも伝統と宗教を基本とする街づくりはその異なる観光産業を形成する。この古い街や新しい都市村が域外の人々を引き付ける視点には心にくさを感じるほどだ。それが産業を引きつけるに十分な資源となっている。

この島に沖縄が学ぶべきものはたくさんある。沖縄にはプライベートビーチづくりやビーチを取り囲むように建てられた近代構築物は沖縄観光を阻害しているように立地している。

バリ島の物産をみれば未開発資源が豊富に寝ていることだ。世界的に知られ珍重されている、マンダリン、トラジャ、キンタマーニのコーヒーブランドはこの国を支えているが、この島でもキンタマーニのコーヒーは日本人の大きなみやげ商品になっている。「ロースターから作られるアラビカコーヒーは」とパンフにもある。当然あるべき焼き物、染め織物、工芸などは、商品的には未熟さを残すが伝統音楽、絵画や都市デザインなど海外からのホームステイによる長期滞在型移住は、観光という時間消費と農業という物的生産が結び合うところに島の産業化の取組を最大にしている。必要な電力は島外から導入され、山を見れば一目で稲作を連想するが、加えて棚田も魅力的だ。行事は豚肉料理で生活は魚料理が基本になっている。

この島がどうしてインドネシア国内トップクラスのGNPを作り出せるかという問いに、「伝統を必要以上に守り、農耕民族特有の共同体意識を強くし、宗教的行事が規律よく実施されるからである」と説明された。

一方では非協力者には『村八分』という掟が強く働き、非協力者には葬儀や結婚も出来ないという因習が住民を縛っている。それは社会組織の固さであり、人口を維持し発展の資源要素を外から取り入れていくシステムになっているからである、という。

その行事をベースに外からの関心のある資源を作り出し、それを守るために神の世界も人間の世界にも「善と悪」の存在を描き勧善懲悪を基本とした祭りを通してその継承と育成を図り、死後の世界の中で人間現世を基準に上に神々、下に動物を置き、魂と善を基準に死後何処に行くかを決めるという仏教の輪廻転生と多くの点で似たことを教えてくれる。しかし、ヒンズー教のお坊さんではメシは喰えないという。

如何なるカネも財産も持っていける死後の世界はないと教えることで共同体組織のなかでお年寄りは暮らす。これは観光客向けのバロン踊りで表現される邪悪な国王の下のマジックにかけられた犠牲者救出物語、２㎞の絶壁が続く山頂で行われる悪の大王ラワナ懲罰物語によく現れている。

一方、前述したが、都市化は効率性、普遍性、画一性を目指すが地域は効果性、個性や文化、つまり人間として成長、人間としての豊かさの蓄積を求める。従って地域は都市を前提として伸びてくる。

5　沖縄の農業経営と戦略

沖縄振興のキーワードは島と農業の捉え方にある。いずれも都市化の存在を前提に成り立つ概念である。都市化構造でなければ島や農業の独自の発展はあり得ない。沖縄振興の歴史を見ていくと農業は製造業と比べて半世紀の格差がある。例えば農水産物を原料とする物産産業は本土に橋を架けること（本土展開）でその発展の筋道は出来た。競争できる姿で本土市場に定着している。これまで物産産業はその根底に近代化や高度化やグローバル化の変化の中で築かれ競争できる健全な産業として自立できる産業に育っている。農業にはそれがない。

基本的に脆弱な産業は守らなければならないが農業は企業も産業界も誰もが守り発展させてこなかった。

今あるものを輸出するのではなく輸出マーケットに見合った産地形成が市場の的

だ。農業はすぐれた技術と経営力があればそれだけをもって他の地点（国内外どこでもいい）に拠点を設置することができる。沖縄の場合技術力を開発していくことはなかなか困難なので技術力は他に探していくことで可能とし、マーケティング・経営力を独自のものとして強化していくことで相当カバーできる。ではマーケティング内容と拠点はどんな業務内容になるか、どういう内容にしていくか極めて重要になる。例えばマーケティング分析調査、ネットセールス、サプライチェーン、パッケージング、もしかしたらコンセプトづくり、それに合うように商品の組み合わせ、かみ合わせが重要になる。店舗展開や物産展も幾種類もあり戦略・計画・実行の研究は欠かせない。調査も政府資料や新聞等も幅広く多く利用しないと戦略が成り立たない。先の見通しとか、三次元的理解も大いに利用しないと戦略は立たない。

高値で売れている農産物が目の前にあるから何で外国に目を向ける必要があろうかと農業者は疑問に思っているに違いない。ＴＰＰ・ＥＰＡなど関税ゼロの市場が眼前にひらけた今、日本の8分の1分～6分の1の価格で同等の農産物が入ってくるので国内外と同等な条件で競争していかねばならないが消費者は大助かりだ。

農業保護政策は政府が農家に補助金を出す「財政負担」（Ａ）と輸入品ではなく高

い国産品で輸入に代替することによる「消費者負担」（B）の2重になっているがこの消費者負担率は米国が17％、EUが45％、に対し日本は88％（約4兆円）もある。

農家の人たちはたかが実質所得の28％が農業からの収入だ。その農産物収入なんて捨てても生活には困らない。実際の農家はガラパゴス化している。マーケットがあっても気に留めないといった感じだ。農業は家庭菜園を中心にレジャー化しているが資料を見る限り実に多種類の農産物をつくっており、日本は実に世界一の国だ。国民の市場部分は全て何とかなるほどだ。輸出なんて頭のどこかにもない。と言うのが農業者と話しての実感である。

世界一高価格のマーケットがあるからそれの面倒を見ておけばいい。TPPなどを振り向けば日本には競争できない世界的高価の市場がある。農業と農家は全く違う世界で農業に取り組んでいる。農業は誰が取り組んでいるかというと企業的農業か、大規模農業者で生活の糧にしている組織、農業人口でいうと約40％である。残りの60％は非農業者で農業をビジネスとしない農家である。

6　日本の農業は輸出にかかっている

耕地面積が日本の10分の1しかないオランダは酪農や花卉栽培が盛んで同国農産物輸出は過去5年間で2倍になり米国に次いで世界貿易の第2位である。しかし、同国は必ずしも穀物が輸出の主流になっているわけではない。むしろ付加価値の高い野菜・花卉類が中心である。日本のいう穀物は食糧安全保障問題があるはずだがなぜ、野菜類はそうではないのか。逆に穀物の輸入を奨励し野菜類を輸出しているのはなぜか。日本は穀物以外の農業を軽視して穀物輸入を増大させ自給率を低下させているだけではないのか。コメも食料用と飼料用もエネルギー用も分けて輸出すればいいのではないか。これが日本農業に対する疑問である。

＊農業界こそ市場確保のための輸出振興に繋がるＴＰＰに積極的に取り組むべきである。更に輸出を可能にするには農地の集約化による規模拡大と零細企業の農業から退出が有効であろう。農業は食料安全保障の名の下に高関税で、特に穀物中心だがそれはあくまで食料危機のときであり、平和時は需要にあわせて輸出を促進しグローバル化に対応すべきである。農業の強化は農産物の輸出と経験を持つ企業参入であろう。グローバル化の中で農業は強化が必要である。高関税によって輸入を阻止することは自ら孤独になるだけである。米国ではＩＴで労働生産性の上った部門に人口移動したが沖縄では建設業など生産性の低い部門に労働が移動した。日本では機械・電気など労働生産性の高い部門に労働が移動した。

＊自給率を上げる決め手は消費者の望む食料を供給するように国内の生産者が対応していくことだ。例えば農薬を使わないとか、遺伝子組み換え作物を作らせないとか、安全性に訴え売上を伸ばすことだ。畜産物でも輸入エサを与える代りに飼料加工の産地化や草原で草を食む放牧型に変えていく。そうすればコストが下がり差別化できる肉や乳製品が出来る。

7　政府の農業成長戦略

TPP等に対して農政は高関税を維持したい。高価格を維持したい。そのための減反政策であった。同時に輸入規制である。高価格維持によって国民負担を増やし減反政策で国税負担を2重にしたのである。

政府は成長戦略として産業競争力会議で重要なのは農業改革であるとした。そのキーワードは「攻めの農水産業」とした（安倍内閣時代）。

TPP、EPA、日米貿易協定などが実施され、如何に競争力をつけるか、そのために農業改革を実施するか。政府の成長戦略は以下のようである。

第1は農水産物・食糧の輸出強化である（輸出倍増計画）。2020年までに1兆円規模を達成するというもの。30年までに5兆円を目指す。農産物と言う場合には食料品輸出も含む。

第2は農地集積バンクによる農地の集積強化である。現在50％の集積率を80％に持っていく。農地を拡大して競争力を付けるためだ。

第3は農業生産だけでなく加工、流通、販売まで手掛け6次産業化の実現である。政府は現在1兆円程度の輸出流通市場を10年間で10兆円規模まで拡大する計画だ。そのため農業者と農業外企業によるベンチャー（多くはリース方式）に公的ファンドの融資をするという。これらの政策を通じて農業・農村の所得を10年間で2倍にするという政策となっている。

TPP、EPA等の対策として、輸入コメと競争することになるがそれでも米価を下げないために、減反を廃止する代わりに非食用コメを補助金を出しても増産させる。つまり「つくり過ぎを」を防ぎあくまで米価を保持したい、と言う姿勢である。「つくり過ぎ」を輸出に回すという戦略がない。

＊しかし、2030年農林水産物・食品の輸出額5兆円目標に向けた政府の実行戦略が判明したと報じられた（2011・2・7）。そして強みがあるとして「重点品目は牛肉、リンゴ、コメなど27品目を選び抜き、各品目に25年の輸出額目標や重点圏、海外の需要や規制に対応した輸出産地の数を設定する」というもの（20年農林業センサス）。

農産物輸出拡大に向け産地育成する（農林水産物・食品の輸出拡大を目指す官民協議会で）菅総理は輸出先進国の需要に特化した産地の育成支援や加工設備の整備を推進すると意気込みを語った（２０２０・12・11）。菅氏は農産品の輸出拡大によって地方所得を引き上げる成長戦略、地方創世に積極的に取り組んできた、と強調した。農産物の輸出額は２０１９年９１２１億円だったが、21年で1兆円を実現した。

8　コロナ禍での沖縄観光と農業

ここでくり返えすが、総括して述べる。沖縄観光は２０１９年、入域観光客１０００万人超。コロナ禍では２０２０年の観光客は３７０万人という。それは19年比３分の1。そのため21年度中に起こると見られるコロナ禍による不況は間違いなく倒産の始まり、つづいて失業者の増大である。しかもこのコロナ禍不況は少なくとも3年～4年は続きそうである。これまでとは全く違った沖縄経済像がみえてきた。コロナのあり方によっては「21世紀沖縄ビジョン」が修正、書き変えられるかもしれない。

コロナ禍を基点に今後はこれまでのサービス業（金融、観光、輸送、サービス業など）が見直され、あるいは後退し本来の物づくりの経済構造に立ち返っていく。沖縄でいえば農水産物とか加工業等が観光に代わり新しく沖縄経済をリードするようになろう。且つそれらの加工品などが消費の主流となる。コロナ3年で〝ふくろもの〟が増え価格と内容が一致しなくなった。

農業法人にとって農業方面に多大な市場が生まれる。残念ながら今の農業者達にはその市場を充たす、提供する意思が弱い。なぜなら所得の28％しか農業からは得てないし、所得の49％は補助金＋（プラス）年金生活で農業はかなりのマイナー部分しか占めない。農業は特に食べていくための長い人生を豊かにし、新たな価値を創造する必要もなくなってきた。

農家は農業離れの生活になりきっているから農産物をつくっても隣近所や親戚に提供するだけだという。農業の業の部分は止まっているのが現状であろう。

本土農業においては、コロナ禍で移動制限や供給網の寸断、サプライチェーンが寸断され農業生産現場が混乱した。外国人労働者を雇い入れて操業している畑は現場だけでなく、野菜などの整理・箱詰め作業も進まず物が流れずサプライチェーンが混乱したままというニュースがTVで放映されている。グローバル経済のもろさを露呈しているのである。

一方の沖縄農業は就農者も減り、放棄農用地も増えて生産額が相当に落ちている。（第5章を参照）観光客が増加するものの、県内の農産品は減少した。それを補うように本土からの農産品が急速に増えていたが大きく変わりそうである。農業産出高は2013年と2019年を比較すると、全体で885億円→988億円だがサトウキビが基幹農業の主座から降り、生産額のトップは肉用牛（158億円→223億円）となった。サトウキビ（151億円→161億円）、豚（123億円→132億円）となって野菜類（154億円）と並び始めてきたのである。若い就農者が増えてきているとはいえまだ従来の勢いはない（県農業関係統計令和2年3月）。とりわけ農業は「健康、環境、観光にまだ直結してない」。今では行き過ぎた過保護農業が停滞してきたが自由化の流れである。

沖縄では農業産出額が1000億円の上下を繰り返しているが、平成30年には野菜の本土向け出荷も停滞しているのである。県外出荷は全体で10年前の70億円から29億円に減少し今日では、サヤインゲン7・4億円、カボチャ4・5億円、ゴーヤー4・

7億円、オクラ3・4億円、この4品目で71%になっている。以降32億円、29億円、28億円と従来の半分以下に低迷しているのである。

一方、ウルグアイラウンド交渉以降各国は集団交渉が進まず、2国間交渉（FTA）が進んでおり、2030年ごろにはほとんどの品目が関税ゼロになる見通しである。一番遅いといわれる牛肉でも16年間で9%に、豚は10年で関税ゼロの見通しだ。農業はこの2年間の自由化でTPP、欧州EPA、さらに日米FTAと続いて実施され、徐々に輸入も増え始めている。さらに高齢化の進行と人口減少の流れは同時に起こっており、農業の国際化を促している。

特に注目するのは中国が主導権をもって広められたRCEP市場展開である。その実績が日経（2021・3・19）で発表されているが東アジアの地域的な包括的経済連携で日本の経済効果で19年、約2・7%を押し上げ、2019年の実質試算GDPに当てはめると凡そ15兆円になると政府は発表した。米国がTPPに加盟していた場合押し上げ効果は1・5%止まりである。輸出が0・8%、投資が0・7%、民間投資が1・8%、雇用が0・8%増加すると見込まれる。米国抜きの自由化が進んでいる証しである。

安倍総理時代の2020年には農水産物・食料の輸出1兆円を実現する計画が達成できず、25年には2兆円を目指し、殆どの農産物が自由化移行するため、合わせて30年に5兆円を農業政策の主力としている。2020年の加工食品の輸出額は前年比14・3％の3740億円、最近は設備投資も面倒を見る輸出農業政策を打ち出し追加融資策も打ち出している。

外国人観光客が食するコメ（インバウンド消費）4000億円を農業の輸出の一部として推進しているととらえ（19年）、これでTPP、EPA、FTAなどの自由化に伴って農業輸出として考えなければならなくなってきたためである。

他の一つは自給率問題で欧米と同じように必ずしも農産物だけの輸出ではなく農産物加工食品の輸出も始めてきた。欧米の自給率がのきなみ100％を越す現実に「輸入して加工して、輸出する」方式にすり寄ってきたのである。輸出増は必ず自給率も高める。人口の減少する日本では作り過ぎが問題になっていて従来の減反政策や価格政策ではコントロールが出来なくなってきてどうしても出口を輸出に求めざるを得なくなってきたためである。

安倍政権時代に出たが、日本の観光政策は一種の輸出産業であるとした。ＧＯＴＯ ＣＡＮＰＡＩＧＮは地方に於ける新な農業政策であった。同時にインバウンドという農業輸出政策でもある。

日本観光産業の最前線を行く京都は観光客を中心にした人口増で活力を保ちながら「定住人口１に対して交流人口10」というロジックで取り組んでいる。

10人観光客がくれば１人の定住人口分のだけの消費が生まれるとし、人口が１人減っても、観光客が10人くれば消費人口は変らないというロジックだ。業界では常識中の常識という。『京都観光が滅びる』（村山祥英）より。

京都の産業構造を考えたとき観光への過度の依存はリスクが大変大きい。減少する人口を観光客人口が穴埋めしているが土産品業界では穴埋めになってない。外国人観光客は日本人観光客ほどには土産品は買わない。とくに漬物や和菓子はあまり買わない。京都の代表的和菓子八ツ橋のメーカーからは嘆きの声が聞こえるという。北海道の「白い恋人」は例外中の例外だと業界は言う。

欧米人は比較的伝統工芸品を買い求めるがアジア圏の観光客は工芸品は買わない。中国や韓国人がわが国のインバウンドの主力であることは忘れてはならない。観光に依存するしかない市民の食い扶持を確保できない現実を変えるのは行政の仕事で、観光から脱する方法を論ずる必要がある。ほとんどの人は「京都は観光都市」と見ているが実は京都は産業構造上観光の占める割合は10％と推計される。だからハワイや沖縄とは全く違うのである。京都産業の主力は製造業、サービス業、不動産業である。一方日本の先端産業の多くは京都を基点としている。京都産業のＧＮＰの80％～90％は先端技術を持つ製造業である。

9　結論――日本農業の解決策は観光を絡めた取り組み

1つは農産物輸出政策。「安倍ノミクス」で取りあげられたインバウンド市場におけるコメの消費である。令和30年までに農産物輸出5兆円を菅総理時代も同じ延長戦略を進めてきた。

インバウンド市場と言うのは2019年に外国人観光客が消費したコメが4000億円、完全に予定の農産物輸出の一役を担った形になっているのである。ある種の農業政策の実現といえる。

2つは農泊・農福の推進である。農業のサービス化、農家民宿、交流インバウンドの推進である。またサウナなどの3次産業化を含めたサービス、医療、旅行・観光農園、農福連携、輸送、政府の農泊地域の支援などのビジネス等であり、京都で言えば大学周辺の宿舎の提供だ。市民農園の創設、都市農園の提供、不動産・サウナなどである。

3つはレジャー農業生産の出現である。観光の生産面の強化で、働く観光者を扱うことを主題とした「関係人口」(日常生活以外に特定地域を継続的に訪れる)などのテーマである。都市地域の若者に農地で働いてもらうシステムである。収穫も本人のもので農業者はそれを管理し情報を流す。6次産業化や地産地消の取り組み、加工を伴った供給の安定化、輸送体制の整備等である。

特に!

(A) 沖縄で考えれば第二の滑走路の空港も飛べなくなったし、観光客も1000万人と言っては浮かれて消費を煽っていた。南北縦断する鉄軌道も、北部市場に対して過疎(限界集落)化するのも知らないで世界の潮流になっているのも気が付かないでいるようだ。

本書は観光客1000万人に浮かれることなく、新たなコロナ時代の沖縄の農業を世界に案内するつもりで、沖縄で言えば先進国並みの農村風景を振興するとしている。その上に観光客1000万人の世界に導かれ、そこでコロナ禍では買って消費するところではなく、作ってみて消費するところに重点を置くことにした。しかし、今日、沖縄の農村は車で30分も走れば都会であり、海である都市農業の世界になっている。所得が今までの倍になっている風景が必要だ。生きていく上で重要な食は買うのではなく自給し、余ったら海外に売っていくとともに、ものづくりの上に立って観光をみれば非常に豊かに見える。

(B) コロナ禍後の世界は文明の転換期に立つ。

コロナ後の沖縄は観光ではなく生命産業に軸足を置いて人間復活がカギとなる。生命産業としての農水産業を取り上げ田園回帰、人間回帰、中央集中から地方分権への回帰である。我々が本土に築いた物産が定着し供給体制の整備が急がれている。その理念は銀座でダンボール箱の上にゴーヤーを並べる時代は終ったとしている。

しかし、TPP・EPA時代によって畜産の肉用牛、豚などの農水産やその加工の供給体制が崩壊し始めて、関税がゼロか、あるいはなくなる2024年で生き残りがかかっている。その解決策はどこにあるか、米国と中国の新戦争ではなく、すでに始まっている東京から地方への人間の移動（ネットワークビジネスの定義と拡大によって）、消費を煽り資源を乱費する欲望の自由主義ではなく、持続的可能な生命産業農業の復権であろう。

(C) 今何が考えられるか。今まで持続的可能な産業化を夢見てきたが観光ではないことが分かってきた。あるいはこれまでとは違った観光を見出さねばならない。

昨今のコロナの影響は大きく、経済社会を変えてしまうだろう。特に観光・サービスはテレワークビジネスの拡大によりビジネスの再拡大が始まり多くの失業者が増えるし、倒産が起こる。グローバル化の反省も起こり、行き詰まる企業も人も出て来る。実際は農業分野にはあまり変化は見られず、マスコミでは新たに農業を始める若い人たちが出て来るだろうという。まず基本的には観光で県経済が成り立つことはない。多くの人々が築いてきた、従来のインフラ土木など公共工事では経済が成り立たないこともわかっている。また当時の農相が言っているように人々の幸福に結びつく持続的可能な生命産業（農業）の復権を求められるだろうとした。

10　究極の沖縄農業

究極の沖縄農業とは西欧先進国農法の採用に拠る。夢のような取り組みで県農家所得を2倍にする方法である。

第1の条件は先端技術開発

第2章で触れたが、途上国農業はなぜ先進国技術開発によって敗れるか。第1章でも触れたが、技術とは育種・種苗技術、栽培技術、機械化技術＋マーケットインの経営技術によって先進国農業に接近する技術である。農家所得を2倍にするなら価格を2倍にすればいい。しかし原価を2分の1にすれば所得は同じく2倍になる好例はイスラエル・オランダなどの先進国農業技術に見える。

１９５０年代に米国西部劇に出て来る映画の背景の砂漠。豪州シドニーから６００km内陸部リートンの砂漠における短粒米コメの技術開発、亜熱帯地域におけるスプリンクラー灌漑よる栽培技術、天地返しの機械化農法によってつくられるコメの生産価格が日本より40％も安いことはよく知られている。あるいは和牛の技術開発や、中国原産キウイがニュージランドの技術改良によって今日の世界的なキウイになった。この例が途上国に勝る先端技術開発である。

世界を制覇する沖縄農業が造れるか、特にコスト的にサプライチェーンの展開に於いて競争できる農産物になっていけるかである。それらはオランダ・イスラエル並みの発想で競争できるようになっているかである。とくに亜熱帯地域における生産条件に合うように栽培管理や土壌づくりと植物工場制等によるドロップファテイゲーションン（点滴容液）技術、気孔の開閉の飽差管理などの低原価の加工技術である。光合成活動にあった条件整備、及びその後の人間労働を機械化しサプライチェーンの組み合わせなどによる生産体制の確立で可能となる。

50年前に始まった米国・豪州のコメ生産は、２０００年の歴史をもつ日本の稲作を追い越してしまった。第１章でも触れたがＦＡＯ（Ｐ24）資料でも生産性の問題だ。

米国は反収1550kgで日本は480kg。日本の生産者米価は1万2300円／60kgでアメリカはその7分1だ。理由のひとつは水の不均衡な洪水灌漑にある。日本方式だと投入された水は45~65％しか吸収されないがイスラエル式点滴イリゲーションなら逆に95％が吸収される。生産コストから見れば土壌問題が大きい。大きな差は土壌の質。前にも触れたが亜熱帯質土壌は色で赤、白、黄色、灰色であり、いずれも窒素・燐・カリの養分は少なく台風、大雨、太陽熱で流出する。還元には4年毎にユンボのお世話にならなければならない。

日本のような温帯土壌は黒か焦げ茶色、茶褐色で養分はたっぷり。しかし亜熱帯土壌は鍬入れしても直ぐ跳ね返るし、少々の雨でもすぐぬかるみ乾けばまるでセメントブロックだ。問題の赤土は酸化鉄か酸化アルミニウムの残渣で全く栄養はない。だから本土と同じ農耕なら永久に後進国土壌だ。沖縄に近いのはイスラエルか地中海土壌、なぜ世界1になれる農作物を造り米国と競争できるか注目に値する。加えてイスラエルに研修生派遣して学ばせることが必要である。

第2の条件は加工貿易型農業

オランダのぶどう生産は350トンだが輸出は7万9800万トンで自給率は228倍だ。どうしてこれが可能であるか。原則は「輸入―加工―輸出」の方程式の展開の仕方である。内容はぶどうを輸入して加工して輸出、簡単だが加工段階で生産国独特の技術がもたらされる。モデル的にはシンガポールも香港も貿易取引は最初から赤字であった。英国本国ものの貿易取引は赤字だがそれを埋め合せる仕組みである。

中継加工貿易の有利性と加工段階で相当の付加価値を生みだすように仕組んでいる。タンクやドラムカンで運んできて積みかえ、ビン詰め・缶詰にして再輸出する、当然保税地域で行われるので関税はかからない、あるいは他の沖縄農産との組み合わせ、全く別の商品に造り代える。総合保税地域制の活用である。

前もって注文を取り顧客の要望にあうように製品をつくりかえるのである。加えてラベリング、値札の貼り換え、勿論賞味期限などの表示の切り替えも行なわれる。ここでは付加価値税や消費税は掛からない。当然必要な食料品、水、肉などの積み替えが行なわれ黒字化が実現する。

後書きに代えて――成長するローカルのために

本県の経済自立や経済発展の構想を確立するには、県民自らが考え実行していかない限り実現は無理である。筆者は島嶼県沖縄の経済振興にこれまでも取り組んできたが、沖縄経済のベースにあるのは農水産業である。島嶼経済沖縄は本土にそのモデルはない。根底をなすのは島嶼地域の農水産業であるということである。

経済実態としてそこには増加を続ける県民150万人の人間が暮らしている。さらに何百万人という観光客が国内外から来る。そのことを見据え、農業を単なるビジョンとして展望するのではなく事業としてどう取り組むかが、県経済の振興を左右する。

直面する沖縄発展の道筋を明らかにしていくと同時に自らも実践していかねば単なる空論に終わってしまう。本論の取り組みは10年前から取り組んできた。農水産業をベースとする沖縄物産の全国展開の取り組みは30年前から行ってきた。今回はそれを本の形にまとめた。

キーワードは亜熱帯地域に位置し、東南アジアを展望した、国際レベルが狙える農水産業によって、島嶼経済地域を確立していくことである。農水産業、各種サービス業、ソフト、金融業まで広がる経済となる。近年は人口増と所得が平行して伸びること。かつ観光客が近年急増していること。これらの発展のモデルは35年前のハワイ、今日のバリ島、シンガポール、香港に見られる。日本の中でもここに沖縄の有利性がある。

農業は近年、米国、欧州各国の小規模農業のデカップリング（日本の中山間地域等の所得補償に相当）制に伴う輸出が輸入を上回る貿易の実態がある。デカップリング制の実行で農と業が分離して、「業」はビジネスとして、「農」は農村風景のある村の文化行事として共同作業性分野のサービス化経済への進展によって観光に結び付くようになる。本書でも農業と観光が合体した新しい経済発展を論じている。

そして沖縄が発展するには農業は「高付加価値の第1次産業化が必要であり」、あるいは「3次産業化である都市化経済の構築が必要である」ということになる。それがよく言われる6次産業化と地産地消である。そして農業のレジャー化、レジャー農業の実現を展望する。

現在、農業の多面的機能や中山間地域等が政府の直接支払の補償対象であり、国際競争が出来ない農業はサービス化農業に転じて農福連携、農泊事業などによって新たな展開が期待される。

繰り返すが商売としての「業」はビジネスとしての農業であり、「農」は村まつりやエイサーなどの文化としてのサービス化事業で自ら観光に繋げた新たな価値創造のビジネスを生む可能性が考えられる。これがTPP、EPAなどの貿易自由化にむけて技術展開の国際競争から農業を守る手段なのであり農産物を売るよりも体験を「商品化」しまた体験が心に及ぼす影響は収穫の喜びだけでなく感動から感謝へと繋がり収穫を楽しむ文化につながっていく。そして農業や農家へのリスペクトにも繋がり理解ある市民を増加させていくことはよく知られている。

一方、日本農業は日米貿易が軋み出した1960年代後半から今日まで米国の圧力に対応できておらず、復帰後の沖縄も日本農業を後追いするばかりである。今日では沖縄農業の低い生産性の改善や独自の道が強く求められていて、最早農業を犠牲にした経済政策は通用しそうもない。

その条件は地理的・地域的・自然的、歴史的に支配される。それらを超える発想及び創造性が求められる。そこには共通的に県民の「想い、思想・嗜好、生活様式まで規定する」。それ故に如何に展望するかのビジョンが不可欠なのである。

発展する問題として人口増に伴う問題は地域集中が偏在することで起こる。農水産業をベースとするものづくり経済の構築、経済成長に欠かせない最大の要因となる人口増への取り組み、及び観光と消費経済構築の連結である。

日本の経済は成長を終え、成長を前提としない構造になっているが沖縄は成長するローカルとして進まねばならない。本書の提言である「究極の沖縄農業」が成長の実現に繋がることこそ、筆者が真に切望するところである。

参考にした文献

1 「日本農業の底力」 大泉一貫 洋泉社 2012
2 「TPPでさらに強くなる日本」 原田泰 ㈱東京財団PHP 2013
3 「農業維新」 嶋崎秀樹 竹書房 2013
4 「農業で稼ぐ経済学」 浅川芳裕 PHP研究所 2011
5 「都市農業を守る」 蔦谷栄一 家の光協会 2009
6 「結 農 論」 木村博一 亜紀書房 2016
7 「食料自給率40%が意味する日本の危機」 吉田太郎 日刊工業新聞社 2010
8 「肥料になった鉱物の物語」 高橋英一 研究者 2004
9 「農業新時代」 川内イオ 文春新書 2020
10 「植物はすごい」 不思議篇 田中修 中央新書 2015
11 「植物はすごい」 生き残りをかけた工夫 田中修 中央新書 2012
12 「農業問題」 TPP後、農制はこう変わる 本間正義 筑摩書房 2014
13 「農業超大国アメリカの戦略」 石井勇人 新潮社 2013
14 「食料自給率100%を目指さない国に未来はない」 島崎治道 2009
15 「儲かる農業」 島崎秀樹 竹書房新書 2019
16 「自給率のなぜ」 末松広行 扶桑社新書 2009

17　「GDP4％の日本農業は自動車産業を越える」　窪田新之助　2016　講談社新書
18　「食料自給率の罠」　川島博之　朝日新聞社　2010
19　「有機農業が国を変えた」　吉田太郎　コモンズ　2007
20　「データ農業が日本を救う」　窪田新之助　ナショナル新書　2022
21　「栽培植物と農業の起源」　中尾佐助　岩波新書　1999
22　「京都が観光で滅びる」　村山祥栄　ユニブックPLUS新書
23　「作り過ぎが日本の農業をダメにする」　川島博之　日本経済新聞社　2011
24　「沖縄経済ハンドブク2015年～2021年」　沖縄開発金融公庫
25　「農業センサス　2010年～2020年」
26　「日本農業の自立と発展を求めて」　NIRA農業自立戦略　時潮社　1982
27　「農業直接支払の概念と政策設計」　荘林乾太郎・木村伸吾　農林統計　2014
28　「世界の最先端を行く台湾のレジャー農業」　東正則・林梓聯　編　2012
29　「よくわかる植物工場」　高辻正基　日刊工業新聞社　2013
30　「植物工場ビジネス」　池田英男　日本経済新聞出版社　2013
31　「太陽光型植物工場」　古在豊樹「編著」　オーム社　2010
32　「LED植物工場」　高辻正基・森康裕　日刊工業新聞社　2011
33　「植物工場経営」　井熊均・三輪泰史（続著）　日本総合研究所　日刊工業新聞社　2014

著者紹介
宮城弘岩（みやぎ　ひろいわ）
1940年生まれ。南風原町出身。早稲田大学を卒業後、台湾へ留学し、国立台湾大学大学院を卒業。その後は国際監査法人、ロボットメーカー（株）山崎鉄工所などの勤務を経て、1985年に帰郷。沖縄県工業連合会専務理事、（株）沖縄県物産公社専務、沖縄県商工労働部長を経て、2000年に（株）沖縄物産企業連合を立ち上げ、現在取締役会長。
2021年　オグレスビー氏工業功労者賞受賞
2021年　琉球新報賞（経済・産業功労）受賞

時代を変える
究極の沖縄農業と新しい観光

二〇二三年七月二九日　初版第一刷発行

著　者　宮城弘岩
発行者　普久原 均
発行所　琉球新報社
〒九〇〇－八五二五
沖縄県那覇市泉崎一－一〇－三
問合せ　琉球新報社広告事業局出版担当
電話（〇九八）八六五－五一〇〇
発売元　琉球プロジェクト
制作・印刷　新星出版株式会社

ISBN978-4-86764-011-1
定価はカバーに表示してあります。